江汉油田油矿教学实习指导书
JIANGHAN YOUTIAN YOUKUANG JIAOXUE SHIXI ZHIDAOSHU

周锋德　袁彩萍　周　红　邵　春　编著

内 容 简 介

本书阐述了石油工程专业油矿教学实习所涉及的知识,内容包括四部分:第一部分为地质部分,主要介绍了地震数据采集的方法和过程;第二部分为钻井工程,详细介绍了石油工程专业学生实习过程中所应掌握的有关钻井、固井、完井、测井和射孔的知识;第三部分介绍了与油藏开发有关的矿场知识,主要包括采油小队作业内容、采油现场知识、修井和矿场作业;第四部分简单介绍了与油气收集和处理有关的流程和方法。

本书在最后附有实习习题,方便使用该实习指导书的同学更好地了解油矿实习应该掌握的内容。

本书主要作为石油工程及相关专业的油矿实习指导书,也可作为石油工程专业和石油地质专业研究人员和工程人员的参考用书。

图书在版编目(CIP)数据

江汉油田油矿教学实习指导书/周锋德,袁彩萍,周红,邵春编著. —武汉:中国地质大学出版社,2015.
中国地质大学(武汉)实验教学系列教材

ISBN 978-7-5625-2364-2

Ⅰ.①江⋯
Ⅱ.①周⋯ ②袁⋯ ③周⋯ ④邵⋯
Ⅲ.①油田开发-湖北省-教学实践-高等学校-教学参考资料 ②石油天然气地质-湖北省-教学实践-高等学校-教学参考资料
Ⅳ.①TE34 ②P618.130.2

中国版本图书馆 CIP 数据核字(2015)第 291709 号

江汉油田油矿教学实习指导书　　　　周锋德　袁彩萍　周　红　邵　春　编著

责任编辑:王凤林	策划组稿:张晓红		责任校对:张咏梅
出版发行:中国地质大学出版社(武汉市洪山区鲁磨路388号)			邮政编码:430074
电　　话:(027)67883511	传　真:67883580	E-mail:cbb@cug.edu.cn	
经　　销:全国新华书店		http://www.cugp.cug.edu.cn	
开本:787毫米×1092毫米 1/16		字数:180千字　印张:7	
版次:2015年12月第1版		印次:2015年12月第1次印刷	
印刷:武汉珞南印务有限公司		印数:1—1000册	
ISBN 978-7-5625-2364-2			定价:13.00元

如有印装质量问题请与印刷厂联系调换

中国地质大学(武汉)实验教学系列教材

编委会名单

主　任：成金华

副主任：向　东　杨　伦

编委会成员：(以姓氏笔画排序)

　　王广君　王　莉　李　珍　李鹏飞　陈　凤

　　吴　立　杨坤光　卓成刚　周顺平　饶建华

　　段平忠　胡祥云　夏庆霖　梁　杏　梁　志

　　程永进　董　范　曾健友　薛秦芳　戴光明

选题策划：

　　梁　志　毕克成　郭金楠　赵颖弘　王凤林

前　言

石油工程专业和资源勘查工程专业是教育部2012年9月颁布的《普通高等学校本科专业目录》中规定的两门专业，《江汉油田油矿教学实习指导书》是这两门专业的实践教学课程。本课程属专业性很强的油田现场教学实习，通过该实习可使学生对石油钻井、录井、固井与完井、油藏与采油工程等石油工程相关的主要作业流程有宏观和感性的认识，加深对《油气钻井与完井工程》《采油工程》《油气开发地质学》《油藏工程》《油气田地下地质学》《油气储层地质学》《地球物理原理》《钻井液工艺学》等课程的理解，同时培养学生的工程意识和参与生产活动的实践能力，提高学生的思想素质和奉献精神。

本书由周锋德、袁彩萍、周红和邵春副教授在第一稿的基础上，结合多年的教学实践编写而成。谢丛姣、唐大卿、李水福和汪立君等老师为第一稿的完成提供了大量素材；中国石化集团江汉石油管理局、江汉油田钻井一公司、江汉油田采油厂、江汉油田测录井公司、江汉油田勘探开发研究院、江汉油田职工培训中心及江汉石油高级技工学校等单位给予了大力支持与帮助；中国地质大学（武汉）教务处、中国地质大学（武汉）资源学院在各方面也给予了全力支持；中国地质大学（武汉）资源学院谢丛姣教授、姚光庆教授、关振良教授、蔡忠贤教授、顾军教授和赵彦超教授以及其他从事油矿教学实习的同事们在实习大纲的修订和实习指导书的编写过程中提供了很多宝贵的建议及有用的素材；历届参与江汉油田油矿教学实习的本科生也提出了很多中肯意见和建议，在此一并表示最衷心的感谢！

由于时间仓促，加之编者水平有限，书中难免有不妥或错误之处，敬请读者提出批评及建议，以便今后改进。

编　者

2015年8月

目 录

第一章　油矿教学实习大纲 (1)
　　第一节　资源勘查工程专业（油气方向） (1)
　　第二节　石油工程专业 (4)
　　第三节　江汉油田简介 (8)

第二章　地球物理勘探 (12)
　　第一节　地震资料采集工序仪器介绍 (12)
　　第二节　二维测线模拟 (14)
　　第三节　三维测线模拟 (16)

第三章　钻井地质与钻井工程 (19)
　　第一节　钻井工程 (19)
　　第二节　固井工程 (43)
　　第三节　完井工程 (44)
　　第四节　测井 (47)
　　第五节　射孔 (51)

第四章　油藏开发及开采工程 (58)
　　第一节　采油现场 (58)
　　第二节　采油管理及动态分析 (72)
　　第三节　修井作业 (74)
　　第四节　增产措施 (76)

第五章　油气集输 (80)
　　第一节　计量站 (82)
　　第二节　化验室 (87)
　　第三节　联合站 (91)
　　第四节　原油稳定 (93)

第六章　实习习题 (97)
　　第一节　钻井地质与钻井工程部分 (97)
　　第二节　油藏开发及开采工程部分 (98)

主要参考文献 (101)

附图　江汉盆地潜江凹陷广北油田广43井岩芯录井综合图 (102)

附　表 ………………………………………………………………………………（103）
　　附表1　常用钻铤数据表 ………………………………………………………（103）
　　附表2　常用钻杆数据表 ………………………………………………………（103）
　　附表3　常用套管数据表 ………………………………………………………（104）

第一章　油矿教学实习大纲

第一节　资源勘查工程专业（油气方向）

学分：2　总学时：2周，校内4天，野外10天（第六学期末）

一、实习性质

本实习属于专业性很强的油田现场教学实习。通过该实习可使学生对石油钻井、录井、固井与完井、采油地质与采油工程等石油工业的主要流程有宏观、感性的认识。对资源勘查工程（油气方向）专业所涉及的各个方面能够形成比较明确的认识，对所涉及的地质资料和生产数据则要求学会收集、编录、计算、分析和预测。通过本次实习全面培养学生的业务素质，加深对石油钻井地质、钻井工程、完井工程、采油工程、采油地质、油藏工程等课程的理解，培养学生的工程意识和参与生产活动的实践能力，提高学生的思想素质和奉献精神。

二、主要内容

资源勘查工程专业所涉及的各环节的工艺流程及其特点，基础设备的组成、结构原理及功用，常用工具的结构及功用，施工技术及操作技术，各种地质图表的绘制方法、原则及其作用等。

主要包括钻井地质、钻井工程、完井工程、采油地质、油藏工程。

三、实习要求

修读对象：资源勘查工程专业（油气方向）（本科）。
考核方式：实践考查＋闭卷笔试。
先修课程：石油及天然气地质学、油层物理学、油气田地下地质学、油藏地质学基础等。
参考教材：《石油钻井工程与钻井地质》，赵彦超编（校内教材）。
　　　　　《油藏测试理论及方法》，徐献中、王岫云编著（校内教材）。
　　　　　《钻井地质工》和《采油工》，中国石油化工股份有限公司培训教材，石油工业出版社，1997。

四、学时安排

序号	教学内容	地 点	教学及考查方式	学时（共14天）
1	钻井工具、石油钻探实验室现场教学、采油工程实验室现场教学	钻井工程实验室、采油工程实验室	校内讲解、现场观察（作业）	4
2	实习区的区域及油田地质概况、勘探开发形势及井口地质工作	江汉油田	现场介绍（检查野簿）	0.5
3	管子站和固井公司：熟悉钻头、钻杆、取芯工具、套管及固井设备等常用工具	江汉油田管子站	现场观察（作业）	1
4	钻井工程、钻井现场工艺	江汉油田井场	现场观察（作业）	1
5	泥浆录井、气测井、电测井、掌握井口泥浆性能及测定方法，了解油藏保护措施	江汉油田现场	现场教学与操作（实践考查）	1
6	修井、试井、固井、完井井场装置	泥浆公司、固井队	现场教学（检查野簿）	1
7	岩芯录井、岩屑录井、钻时录井、岩芯描述、绘岩屑录井剖面图	井场、岩芯库、研究院	实际操作（作业）	1
8	地宫：了解采油小队的日常工作，掌握采油地质资料获取及常用地质图的绘制和应用，包括采油曲线、注水曲线、油水井连通图、水淹图、油砂体平面图等	江汉油田采油小队	现场教学与操作（作业）	0.5
9	采油现场：了解水井井口结构、注水加压泵的结构；了解采油树的结构，油气运行路线及各种开关的作用；掌握抽油机的工作原理，抽油机的组成及主要部件的功能；现场测示功图，进行抽油泵工作状况分析；现场测动液面，进行动液面计算	江汉油田采油小队	现场教学与操作（作业）	0.5
10	计量站：熟悉油井、水井、计量间和配水间的工艺流程；熟悉分离器的工作原理以及量油、测气的操作	江汉油田计量站	现场教学（检查野簿）	0.5
11	化验室：熟悉原油含水化验、了解水质化验、掌握油田开发对注入水水质的要求标准以及现场水质分析内容和方法	江汉油田化验室	现场教学	0.5
12	井下压力测试	江汉油田	现场教学（作业）	0.5
13	中途测试：请现场师傅讲课，了解中途测试及相关常识；参观中途测试；参观中途测试工具	江汉油田	现场教学（检查野簿）	0.5
14	了解酸化、压裂、堵水、防砂、防堵等油、水井增产、增注措施	江汉油田井下作业公司	现场教学（检查野簿）	0.5
15	联合站：掌握矿场油气集输的基本任务和原则；掌握矿场油气集输的工作流程	江汉油田联合站	现场教学（检查野簿）	0.5
16	钻井地质＋油藏开发及开采工程	野外或室内	闭卷笔试或课程报告	0.5

五、实习具体内容及要求

(一)钻井地质与钻井工程部分

1. 介绍部分

(1)实习区的区域及油田地质概况、勘探开发形势。
(2)井口地质工作。

2. 实际操作部分

(1)岩芯录井:了解岩芯录井的概念及作用,钻井取芯的原则、目的与方式,取芯工具,取芯层位的确定,取芯前的准备工作,岩芯出筒、丈量及编目,岩芯收获率的计算,岩芯观察及描述内容,岩芯录井草图的编制,描述岩芯及进行岩芯归位工作,井壁取芯的原则及质量要求。选取有代表性的井详细观察岩芯,绘制岩芯剖面图,完成大作业。
(2)岩屑录井:挑出代表性岩样,计算迟到时间,绘制岩屑录井剖面图。
(3)钻时录井:方入及井深计算,与岩屑录井资料配合做相应层段的钻时录井图。
(4)泥浆录井:了解井口泥浆性能的测定方法及对油层、事故层的泥浆要求。
(5)地震勘探:了解地震勘探的基本原理、地震资料的采集与处理、地震资料解释等。

3. 一般性参观(校内,现场)

(1)参观井场布置、钻机设备及钻进过程。
(2)参观管子站,熟悉钻头、钻杆、取芯工具、套管及固井设备。
(3)参观气测井与电测井,了解气测、电测录井的概念及作用,气测仪的结构及功能,气测与电测资料的编录与解释。
(4)了解固井过程、固井水泥及其处理剂,固井地质监督,固井质量检查曲线的用途等。
(5)了解完井过程中井深的确定、井壁取芯,固井工作中的地质监督,完井总结报告等。

(二)油藏开发及开采工程部分

1. 介绍部分

(1)油气计量方法及原理。
(2)油藏测试理论。
(3)油藏动态分析。
(4)增产措施。
(5)矿场油气集输。

2. 实际操作部分

(1)用回声仪测动液面的井深,看看目前动液面在哪儿?地下压力多大?
(2)用动力仪测示功图,测量抽油杆的负荷,了解抽油泵工作是否正常,是否有气体影响,是否供液不足，排出部分是否漏失等问题。

（3）到计量站实际操作单井油、气、水三相如何分离，如何计量等。

3. 一般性参观

（1）参观地宫和井口设备，采油树的结构、油气的运行路线、各种开关的作用以及各抽油机的工作原理，抽油机主要部件的功能。

（2）参观井底测压。

（3）参观试采基地中途测试队，了解测试过程，熟悉测试工具。

（4）参观联合站，了解整个油田的油气集输流程。

第二节　石油工程专业

学分：4　总学时：4周，校内4天，野外24天（第六学期末）

一、实习性质

本实习属于专业性很强的油田现场教学实习。通过该实习可使学生对石油钻井、录井、固井与完井、采油地质与采油工程等石油工业的主要流程有宏观、感性的认识。对石油工程专业所涉及的石油工程各工艺环节的工艺过程、基础设备及工具、施工技术及操作等方面能够形成比较明确的认识，对所涉及的地质资料和生产数据则要求学会收集、编录、计算、分析和预测。通过本次实习全面培养学生的业务素质，加深对石油钻井地质、钻井工程、完井工程、采油工程、采油地质、油藏工程等课程的理解，培养学生的工程意识和参与生产活动的实践能力，提高学生的思想素质和奉献精神。

二、主要内容

石油工程专业所涉及的石油工程各工艺环节的工艺流程及特点，基础设备的组成、结构原理及功用，常用工具的结构及功用，施工技术及操作技术，各种图表的绘制方法、原则及其对工程的作用等。

主要包括钻井地质、钻井工程、完井工程、采油地质、石油注水开发、油藏工程、采油工程、油气集输、采油队实践。

三、实习要求

修读对象：石油工程专业（本科）。

考核方式：实践考查＋闭卷笔试。

先修课程：石油及天然气地质学、油田开发地质学、油气田地下地质学、测井地质学、储层地质学、油（气）层物理学、渗流力学、钻井工程、采油工程、油藏工程、试井、钻井泥浆工艺学。

参考教材：《石油钻井工程与钻井地质》，赵彦超编（校内教材）。

　　　　　《油藏测试理论及方法》，徐献中、王岫云编著（校内教材）。

　　　　　《钻井地质工》和《采油工》，中石化培训教材，石油工业出版社，1997。

四、学时安排

序号	教学内容	地点	教学及考查方式	学时数（共28天）
1	钻井工具实验室、石油钻探井实验室进行现场教学	钻井工程实验室	校内讲解、现场观察（作业）	2
2	采油工程实验室和泥浆实验室进行现场教学	采油工程实验室、采油工艺实验室	校内讲课、现场操作（作业）	2
3	实习区的区域及油田地质概况、勘探开发形势及井口地质工作	江汉油田	现场介绍（检查野簿）	1
4	管子站及固井公司：熟悉钻头、钻杆、取芯工具、套管及固井设备等常用工具	江汉油田管子站、固井公司	现场观察（作业）	1
5	钻井工程，钻井现场工艺	井场	现场观察（检查野簿）	2
6	泥浆录井、气测井、电测井、掌握井口泥浆性能及测定方法，了解油藏保护措施	江汉油田现场	现场教学与操作（实践考查）	2
7	修井、试井、固井、完井井场装置	井下作业公司	现场教学（检查野簿）	1
8	岩芯录井、岩屑录井、钻时录井、岩芯描述，绘岩屑录井剖面图，绘综合柱状图	井场、岩芯库	实际操作（大作业）	2
9	地宫：了解采油小队的日常工作，掌握采油地质资料获取及常用地质图的绘制及应用，包括采油曲线、注水曲线、油水井连通图、水淹图、油砂体平面图等	江汉油田采油小队	现场教学与操作（作业）	1.5
10	采油现场：了解水井井口结构、注水加压泵的结构；了解采油树的结构，油气运行路线及各种开关的作用；掌握抽油机的工作原理，抽油机的组成及主要部件的功能；现场测示功图，进行抽油泵工作状况分析；现场测动液面，进行动液面计算	江汉油田采油小队	现场教学与操作（作业）	1.5
11	计量站：熟悉油井、水井、计量间和配水间的工艺流程；熟悉分离器的工作原理以及量油、测气的操作	江汉油田计量站	现场教学（检查野簿）	1
12	化验室：熟悉原油含水化验；了解水质化验，掌握油田开发对注入水水质的要求标准以及现场水质分析内容方法	江汉油田化验室	现场教学	1
13	井下压力测试	江汉油田	现场教学（作业）	1
14	中途测试：请现场师傅讲课，了解中途测试及相关常识；参观中途测试；参观中途测试工具	江汉油田	现场教学（检查野簿）	1
15	了解酸化、压裂、堵水、防砂、防堵等油、水井增产、增注措施	江汉油田井下作业公司	现场教学（检查野簿）	1
16	联合站：掌握矿场油气集输的基本任务和原则；掌握矿场油气集输的工作流程	江汉油田联合站	现场教学（检查野簿）	1
17	采油小队实践操作	江汉油田采油队	现场教学与操作（实践考查）	3
18	现场教学	江汉油田研究院、设计院、采油厂、测录井公司、化验室	实地考察（现场教学）	2
19	钻井地质＋油藏开发及开采工程	野外或室内	闭卷笔试或课程报告	1

五、实习具体内容及要求

(一)钻井地质与钻井工程部分

1. 钻井工程

要求了解钻机、钻具的组成,井身结构,完井方法的种类,注水泥固井的技术要求。

(1)了解井场布置、钻机设备及钻进过程。熟悉钻前准备工作、钻前工程安装的质量标准。了解钻机、钻具的组成,钻具的使用、丈量、管理,钻机、起下钻作业和游动系统,井架与绞车、旋转系统,防喷系统等。掌握石油工具和修井设备的分类和用途。

(2)参观管子站,熟悉钻头、钻杆、取芯工具、套管及固井设备。了解井口起下钻作业专用工具、钻机控制系统、往复泵、有杆泵抽油设备、无杆泵抽油设备、修井设备与工具、离心泵等。掌握钻井机械的系统构成、原理、参数和使用方法。

2. 地质录井

要求熟悉钻井地质设计、地质预告、地质交底,钻前地质准备的意义。了解钻井液的概念、作用及分类,熟悉钻时录井、岩屑录井、泥浆录井、岩芯录井、气测井、电测井、地化录井、综合录井的技术要求。

(1)钻时录井。了解钻时的概念、钻时的使用价值、引起钻时变化的时间因素,了解钻时录井的概念及原理、方法及任务,钻时录井资料的收集与整理,钻时曲线的应用。熟悉钻时录井的简单装置,绘制钻时曲线及解释,计算方入及井深,与岩屑录井资料配合做相应层段的钻时录井图。

(2)岩屑录井。了解岩屑的概念,岩屑录井的概念及作用,岩屑录井的质量。岩屑取样时间的确定,岩屑的采集与整理,岩屑的捞取及要求,岩屑的挑样、观察及描述,含油岩屑的简单测试,岩屑录井草图及岩屑百分比图的绘制,迟到时间的概念,迟到时间的理论计算,实测迟到时间,特殊岩性测定迟到时间。挑出代表性岩样,计算迟到时间,绘制岩屑录井剖面图。

(3)泥浆录井。熟悉钻井液的概念、作用及分类。了解井口泥浆性能的测定方法及对油层、事故层的泥浆要求。观察浆槽面油气显示,钻开不同性质的地层时泥浆性质的变化,泥浆性能曲线的编制及解释。掌握钻井液体系、钻井液、完井液、修井液处理剂及其作用机理。

(4)岩芯录井。了解岩芯录井的概念及作用,钻井取芯的原则、目的与方式,取芯工具,取芯层位的确定,取芯前的准备工作,岩芯出筒、丈量及编目,岩芯收获率的计算,岩芯观察及描述内容,岩芯录井草图的编制,描述岩芯及进行岩芯归位工作,井壁取芯的原则及质量要求。选取有代表性的井详细观察岩芯,绘制岩芯剖面图,完成大作业。

(5)气测井与电测井。了解气测录井、电测录井的概念及作用,气测仪、电测仪的结构及功能,气测资料与电测资料的编录与解释。

(6)地化录井与综合录井。了解地化录井与综合录井的概念及作用、地化录井仪的工作原理等。

3. 固井工程

了解固井过程,固井水泥及其处理剂,固井工作中的地质监督,固井质量检查曲线的用途等。

4. 完井工程

完井地质工作包括井深的确定、井壁取芯、固井工作中的地质监督,完井总结报告等。

5. 地球物理测井

熟悉地球物理测井的基本内容,测井曲线的名称、比例尺等。了解常规测井、生产测井等测井系列的测井过程及作用。

(二)油藏开发及开采工程部分

1. 采油工艺

(1)油井完成方法(先期完井,后期完井)。
(2)自喷开采(油井自喷基本原理、自喷井井身设备、自喷井井口设备)。
(3)抽油开采(深井泵、抽油杆、抽油机、抽油井井口设置、抽油井理论示功图和典型示功图、抽油井工作状态分析)。
(4)注水井、注气井、井身结构及工作原理。

2. 油、气计量

(1)原油计量方法(油气分离器计量法、油缸计量法)。
(2)测气原理及方法(节流式流量计测气、垫圈流量计测气)。

3. 油藏测试

(1)油藏流体渗流状态(稳定状态流动、不稳定状态流动)。
(2)稳定试井(稳定试井含义、稳定试井资料整理、指示曲线应用)。
(3)不稳定试井(不稳定试井含义、压力恢复试井测试数据整理及地层特征参数确定、钻杆测试卡片解释的定性分析和定量计算)。

4. 油藏压力测试

(1)油藏压力含义(压力概念、静液柱压力、油藏压力、上覆岩层压力、上覆岩层有效压力)。
(2)使用井下压力计测试井底压力(井下压力计结构及其工作原理,使用井下压力计测试的主要原则,井底压力计算)。
(3)使用回声仪测试井筒液面(自动记录回声仪结构及其工作原理,井筒液柱高度计算)。
(4)使用地层测试器测试,熟悉压力卡片及其数据读取和计算。
(5)按静止井口压力计算井底静水柱压力(井底静水柱压力计算公式及其物理含义)。

5. 油藏温度测试

(1)油藏温度含义。

(2)现地温梯度和现地温数学式及其计算(矿物地球物理测试的井温测井法,试油中途测试的最高温度计测温法,生产井试井最高温度计测温法,按测试井段砂泥岩总数的砂岩百分含量计算温度法)。

(3)古地温梯度和古地温及古地表温度估算。

6. 油藏动态分析

(1)油藏驱动机理及开发方式(依靠自然能量开发,借助人工注入能量开发,兼用自然能量和注入能量开发)。

(2)资料收集与整理。

(3)油井生产状况分析。

(4)油藏动态分析(水驱动态储量及现今剩余油量计算,油、气、水运动规律及其预测方法)。

(5)油藏压力保持(注水保持压力,注气保持压力,对注入介质要求)。

7. 增产措施

了解酸化、压裂、堵水、防砂、防堵等油、水井增产、增注措施。

8. 矿场油气集输

(1)油气集输基本任务和原则。

(2)油气集输流程。

第三节　江汉油田简介

江汉油田建立于20世纪50年代,1998年整体划归中国石化集团公司,是一个以油气勘探开发,石油工程专业技术服务,石油机械装备制造,盐卤化工生产,管道勘察、设计、施工与钢管制造为主营业务的国有大型企业。其下属的45个生产经营单位分布在湖北、山东、陕西、河北、湖南、重庆、上海等省市,总部位于湖北省潜江市。经过60多年的建设发展,江汉油田已建成中国南方最重要的石油勘探开发基地;中国一流的石油物探、钻井、测录井、井下作业和油田地面工程建设一体化施工企业;中国最大的石油机械装备制造基地;中国一流的管道勘察、设计、施工和钢管制造一体化企业;中国一流的盐卤化工生产企业。2000年1月,中国石化集团重组改制,江汉油田油气生产主业组建为中国石化江汉油田分公司,随中国石油化工股份有限公司在纽约、伦敦、香港等地上市。其余的专业施工、机械制造及公用工程等板块仍隶属中国石化集团江汉石油管理局,面向市场自立生存。

1958年,地质部在湖北成立石油地质队,开始在江汉平原及其周边地区进行石油地质普查及地球物理勘探工作。1961年10月,石油部成立江汉石油勘探处。1965年9月,在江汉潜江凹陷钟市构造钻探的湖北省第一口自喷油井钟1井获得日产6.7吨的工业油流。1969年6月，党中央、国务院正式批准在江汉组织石油勘探会战。12万人、100多台钻机参加会战，历时近3年，建成年产$100×10^4$t原油生产能力和一座$250×10^4$t炼油厂（荆门炼油厂）。1972年5月，江汉石油管理局成立。1977年12月，原油生产量首次超过$100×10^4$t。到1989年，产量连续12年保持在$100×10^4$t以上。1983年7月，国务院决定，将原属江汉石油管理局的荆门炼油厂划入中国石油化工总公司。1986年，承包胜利油田八面河区块，建成年产$100×10^4$t的八面河油田。1989年，中国石油天然气总公司批准江汉石油管理局（后简称"管理局"）为国家二级企业。1990年10月，管理局在盐化工厂工地举行开工剪彩奠基仪式。1992年3月，管理局首家中外合资企业四机赛瓦有限公司签订合作协议。1992年7月，国家批准江汉石油管理局为大型一级企业。1994年2月，钻头厂从意大利引进的牙掌柔性生产线建成投产。1995年10月，管理局列入"中国的脊梁"国有企业500强第86位。1998年4月，与长庆油田合作开发陕西安塞坪北油田。1988年12月，全国政协主席李先念为全国最大的人工水杉林题写"江汉水杉纪念碑"碑名。1998年4月，国务院决定石油、石化两大集团重组，江汉油田整体划入中国石化集团公司。1998年9月，管理局控股的江钻股份有限公司成立，11月26日其股票在深圳交易所成功上市。2000年2月，中国石化集团实施重组改制，江汉油田分为中国石化集团江汉石油管理局和中国石化江汉油田分公司两部分。2001年3月，经国土资源部批准，江汉油田取得四川盆地的綦江、涪陵，鄂尔多斯盆地的长武、延川南，江汉盆地的陈沱口、天门—监利，以及鄂西渝东的鱼皮泽地区等7个主要区块的探矿权，新增区域面积$2.56km^2$。2002年4月，油建公司中标"西气东输"管建工程第23标段共125km。2002年10月，建南气田扩边增储勘探会战初见成效，探明天然气地质储量实现了翻番。截至2006年12月31日，江汉油田生产原油$161.34×10^4$t（图1-1），其中江汉油区$74.93×10^4$t，八面河油田$65.57×10^4$t，安塞坪北油田$16.35×10^4$t。

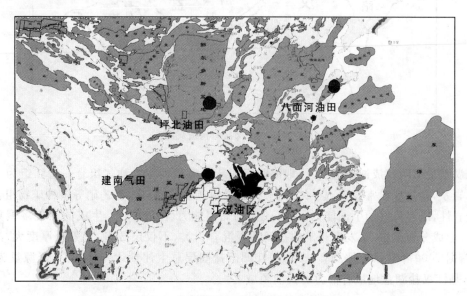

图1-1　江汉油田开发油气区分布示意图

江汉地区油气勘探开发始于1958年。勘探开发领域以湖北省江汉盆地和中扬子海相地层为主。江汉油田坚持以科技进步为先导,海、陆相并进,油、气、盐并举,内、外市场并重,相继在湖北、山东、陕西、鄂西渝东地区建成了4个油气区。截至2002年底,整个油田勘探面积达$22.8 \times 10^4 km^2$,勘探矿权面积$11.28 \times 10^4 km^2$。共有石油地质资源量$27.3 \times 10^8 t$,天然气资源量$5.66 \times 10^{12} m^3$。累计探明含油面积$299.4 km^2$,石油地质储量$2.74 \times 10^8 t$,石油资源探明率为33.6%;探明天然气地质储量$98.7 \times 10^8 m^3$,天然气资源探明率仅为0.2%。年原油生产能力$165 \times 10^4 t$,天然气生产能力$1 \times 10^8 m^3$。

江汉盆地位于扬子准地台中扬子坳陷的中部,是白垩纪—第三纪(古近系+新近系)发展起来的拉张断陷盆地(图1-2)。它地处湖北省江汉平原中部,西起宜昌、枝江,东到沔阳、应城,南到监利、洪湖,北至潜江、天门,面积约$28 000 km^2$。江汉盆地是燕山运动晚期形成的中新生代陆相断陷盆地,基底由一套以海相碳酸盐岩为主的前白垩系组成,盖层部分为白垩系—古近系的碎屑岩系夹大量盐系地层,上覆层为新近系及第四系。盆地发展过程中经历了张裂—断陷—拗陷两大构造旋回。

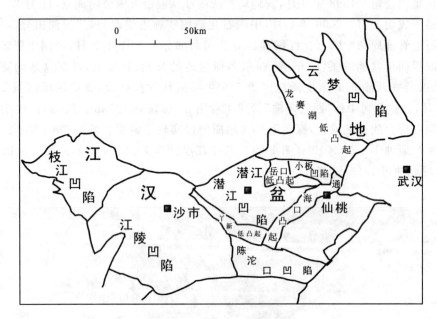

图1-2 江汉盆地构造简图

江汉盆地有两套成油成盐岩系,即潜江组和新沟嘴组两套含油气组合。潜江组为一套盐间含油岩系,盐岩层异常发育,盐层之间夹持的是由碳酸盐、泥质、钙芒硝等多种矿物组合而成的混合岩性,既有良好的生油能力,又有一定的储集能力(图1-3)。生成的油气多聚集在盐层之下,形成分布范围广、发育稳定的盐间油浸混合岩类,不仅层数多,且累积厚度大,油气资源丰富,据2000年3次资评测算结果,潜江凹陷盐间层总生油量达$43 \times 10^8 t$,资源量为$1.68 \times 10^8 t$,是江汉盐湖盆地最有潜力的找油领域之一。

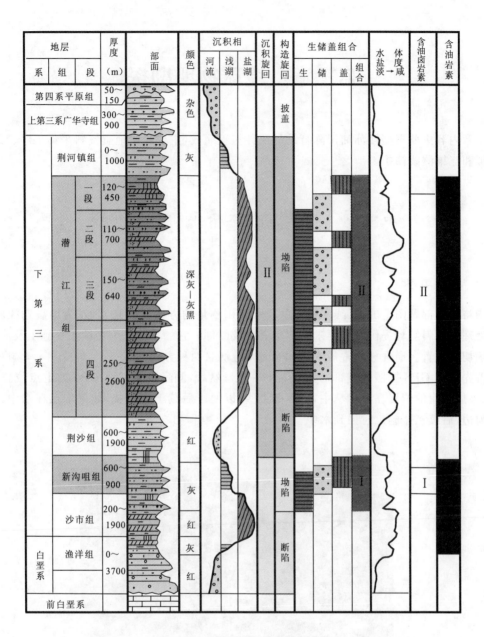

图1-3 江汉盆地地层综合剖面图

第二章 地球物理勘探

本章内容主要根据江苏油田陈智维的课件整理而成,主要包括地震资料采集工序、二维测线模拟和三维测线模拟。

第一节 地震资料采集工序仪器介绍

一、测量工序

指将勘探部署图上的点、线和网按照要求运用测量的方法放样到实地,为地震勘探施工、资料处理和资料解释提供符合要求的测量成果及图件。它的目的是为后续工序施工及成果图指明确切的位置。通常分为常规测量和实时差分测量两种方法。

首先利用 GPS 按照地震部署定点(图 2-1);然后,测量人员按照 GPS 的定点位置插小旗,如果插小旗的位置在灌木丛中,小旗要大些,以便于后续工序寻找,如果定点在水中,小旗暂插河边,后续工序施工时插到水中。

图 2-1 工作人员现场 GPS 定点(据陈智维,2005)

二、激发工序——钻井

钻井指在地震测量布设的炮点上依据施工设计的井深、井数的要求,使用钻机设备所进行的钻进及为配合该项工作所做的辅助工作等,目的是钻一井眼把炸药埋在地下一定深度。目前,钻机的类型可以分为车装风钻、车装水钻和人抬钻等。

三、激发工序——气枪

气枪是指在地震测量布设的炮点上,使用气枪设备所进行的多次产生地震波及为配合该项工作所做的辅助工作等。目的是产生地震波。气枪分浅水气枪、泥枪、深水气枪、陆地气枪4种。目前主要用水上气枪。

可控震源指在地震测量布设的炮点上,使用可控震源设备所进行的连续产生地震波及为配合该项工作所做的辅助工作等,目的是产生地震波。气枪只有陆地用可控震源。

四、排列收放工序

排列收放是指放线工把电缆、检波器(图2-2)、采集站、电源站、交叉站、电瓶等按施工设计要求摆放和埋置在检波点位上,以及配合该项工作所需的排列收集倒运、故障查处、专项工具维修、保养等辅助作业的过程,目的是接收地震波。采集站分有线遥测与无线遥测;小线分单个与串;检波器分陆上、水上与沼泽等。

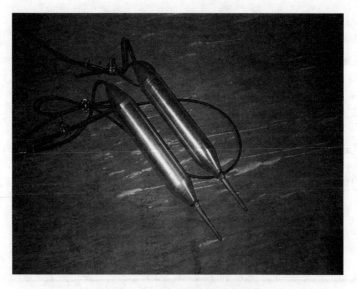

图2-2 水上检波器串(据陈智维,2005)

五、爆炸工序

炸药激发是指使用炸药在地震测量布设的爆炸点上,按施工设计要求产生地震波的工作过程。目的是产生地震波。

六、数据采集

数据采集指按设计要求,监视外线排列质量,控制激发,将地震信号记录在地震勘探专用磁盘上,以及为配合该项工作所需的专用工具检验、维修和其他辅助作业等,工程目的是记录地震波。遥测仪器分有线遥测仪器与无线遥测仪器。图 2-3 为地震仪器在车上。

图 2-3　地震仪器在车上（据陈智维，2005）

第二节　二维测线模拟

图 2-4 为二维模拟图，接收点距 40m，4 次覆盖，每炮 8 个接收点，共放 5 炮。

一、第一道工序

插标志旗，为炮点、接收点指定位置。一般白旗是接收点，红旗是激发点。激发点也可在接收点之间。

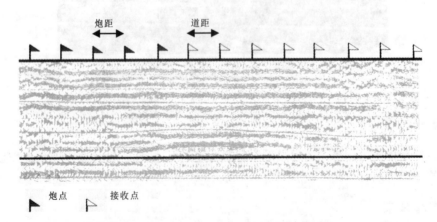

图 2-4　二维测线炮点、接收点分布图（据陈智维，2005）

二、第二道工序

放线,插检波器、安置采集站,准备接收地震波(图 2-5)。工序要求的人数不定,一般东部地区按仪器道数约每 2 道 1 人,二维 240 道施工每队大约 120 人,三维 1200 道施工大约为 500 人。

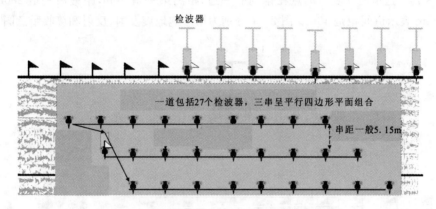

图 2-5 检波器排列位置(据陈智维,2005)

三、第三道工序

钻井、放炸药(图 2-6),也可用气枪或可控震源,目的是产生地震波。钻井使用的钻机有:车装钻、人抬钻、山地钻、风钻等,所钻井深一般为 6~30m。井中激发炸药一般为 2~10kg。

陆上产生地震波的方法除了钻机外,还可以使用可控震源,它连续产生 10~20s 的地震波。水面施工时,如水深小于 2m 可用小平台钻机钻井,井深大于 2m 时用气枪多次产生地震波,在采集站中叠加。

道距指两个接收点之间的距离,大部分为 50m,少数为 40m 或 30m。炮距指两个炮点之间的距离,一般为道距的 1~4 倍。

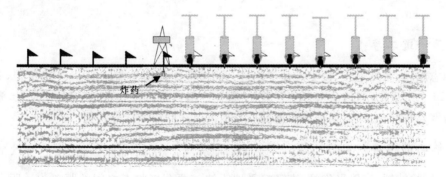

图 2-6 炸药的深度及药量(据陈智维,2005)

四、第四道工序

引爆炸药或用气枪、可控震源产生地震波,检波器接收地震波,然后发送至仪器车并写入磁盘,用于记录地震波,是野外指挥中心(图 2-7)。

观测系统:反映排列摆放状态与炮点关系及覆盖次数的一组数据。这里的观测系统是:0—40—280/4×40。这里的 0 表示炮点在排列的一边,距离第一道 40m,距最后一道 280m,4 表示 4 次覆盖,40m 表示道间距是 40m。图 2-7 分别为第一炮地震发射、反射和接收示意图。

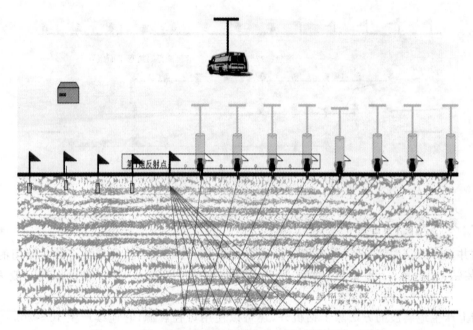

图 2-7　第一炮发射、反射和接收示意图(据陈智维,2005)

第三节　三维测线模拟

一、第一道工序

插标志旗,为激发炮点、接受点指定位置。此模拟图为接受点距 50m,4 次覆盖,4 线 2 炮制,每炮 16 个点接受,共放 2 束 12 炮(图 2-8)。一般白旗是接收点,红旗是激发点,激发点一般不与检波点在同一条线,模拟图中激发点与检波点在同一条线是特例。

二、第二道工序

放线,插检波器、安置采集站,准备接受地震波。两个接收点之间的距离为道距。一个采集站一般存储 1~8 道的信息,道间用光缆连接,俗称大线。每个接收点一般由 1~4 串(每串 9 个)检波器采用平行四边形面积组合接收。图 2-9 为检波器放置及常用术语。

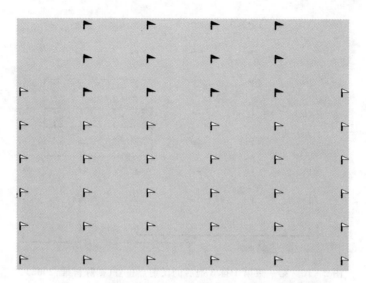

图 2-8 陆上三维模拟激发炮点、接收点位置实例(据陈智维,2005)

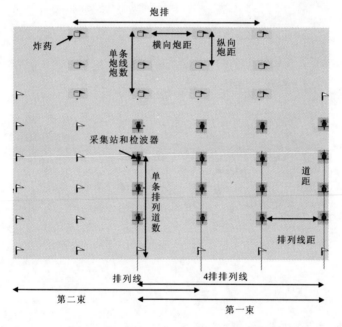

图 2-9 三维模拟激发炮点、接收点位置实例(据陈智维,2005)

三、第三道工序

钻井、下炸药产生地震波。激发后,地震波主体不是直接传到接收点,而是经过地下反射后到达地面接收点,反射点在激发点与接收点的中间,准备放炮,6s后解除警报。图 2-10 为第一排 2 炮后的反射点位置。下排接收设备前移接收下排炮的地震波。为了达到设计的覆盖次数,排列每束必须重复,一般重复条数是排列条数的一半,炮点线不重复。

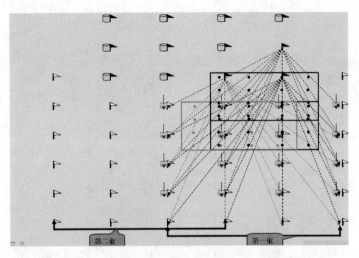

图 2-10　第一束第 1 排 3 炮后的反射点位置（据陈智维,2005）

第三章　钻井地质与钻井工程

第一节　钻井工程

钻井分直井和定向井。定向井可分为普通定向井、大斜度井、丛式井、多底井、斜直井、水平井等。

普通定向井:最大井斜角小于 60°的定向井。大斜度井:最大井斜角在 60°~86°范围内的定向井。丛式井:在一个井场内有计划地钻出两口或两口以上的定向井组,其中可含一口直井。多底井:一个井口下面有两个或两个以上井底的定向井。斜直井:用倾斜钻机或倾斜井架完成的,自井口开始井眼轨道一直是一段斜直井段的定向井。

一、钻进过程

1. 准备工作

定井位:地质师根据地质上或生产上的需要确定井身轴线或井底的位置。

修公路:主要保障能通行重车,有的满载车总重可达 39~40t 或更多。

平井场:在井口周围平整出一块场地以供施工之用。井场面积因钻机而异,大型钻机约需 $120 \times 90 m^2$,中型钻机可为 $100 \times 60 m^2$。

打基础:为了保证施工过程中各设备不因下陷不均匀而歪斜,要打基础。小些的基础用预制件,大的基础则在现场用混凝土浇灌。

安装:立井架,安装钻井设备。

2. 钻进

当前世界各地普遍使用的打井方法是旋转钻井法,此法始于 1900 年。

钻进就是在一定钻压作用下,钻头旋转或冲击破碎岩石,同时地面上用钻井泵将钻井液经钻柱泵入井底,通过钻头水眼形成高压射流,既能辅助钻头破碎岩石,又可冷却钻头并将钻屑带到地面。由此可见,这一看似简单的工艺过程,实际上蕴含着许多学术和技术问题。

钻柱把地面的动力传给钻头,所以,钻柱是从地面一直延伸到井底的,井有多深,钻柱就有多长。随着井的加深,钻柱重量将逐渐加大,以至于将超过钻压的需要。过大的钻压将会引起钻头、钻柱、设备的损坏,所以必须将大于钻压的那部分钻柱重量吊悬起来,不使作用到钻头上。钻柱在洗井液中的重量称为悬重,大于钻压需要而吊悬起来的那部分重量称为钻重。亦即钻压=悬重-钻重。

井加深的快慢,即钻进的速度,用机械钻速或钻时表示。机械钻速是每小时破碎井底岩石的米数，即每小时进尺数。钻时是每进尺 1m 所需时间，以分钟表示。此二者互成倒数。

洗井：井底岩石被钻头破碎以后形成小的碎块，称为岩屑。岩屑积多了会妨碍钻头钻切新的井底，引起机械钻速下降。所以必须在岩屑形成以后及时地把它们从井底上清除掉，并携出地面，这就是洗井。

洗井用洗井液进行。洗井液可以是水、油等液体或空气、天然气等气体。当前用得最多的是水基泥浆，即黏土分散于水中所形成的悬浮液。也有人称洗井液为钻井液，但多数人则把各种洗井液统称之为泥浆。

钻柱是中空的管柱，把洗井液经钻柱内孔注入井中，从钻头水眼中流出而冲向井底，将岩屑冲离井底，岩屑随同洗井液一同进入井眼与钻柱之间的环形空间，向地面返升，一直返出地面（图3-1）。岩屑在地面上通过固控设备将其从洗井液中分离出来并被清除掉，净化后的洗井液再度被注入井内，重复使用。洗井液为气体时则不再回收。

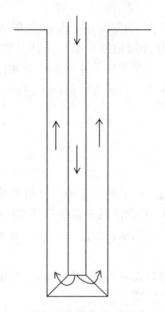

图 3-1 泥浆循环示意图（据姜仁，1996）

在钻进时，洗井是与破碎岩石同时进行的。为了维持洗井液不间断地循环，就需用泵连续灌注。液体在流经管路时是要损耗能量的，即要克服流动阻力而损耗洗井液所具有的压力。因此，泵的出口压力要较高。

接单根：在钻进过程中井不断加深，钻柱也要及时接长，每次接入一根钻杆，叫作接单根。打一口井要接很多次单根。

起下钻：为了更换磨损了的钻头，需将全部钻柱从井中起出，换了新钻头以后再重新下入井中，叫起钻或下钻。一口井要用很多只钻头才能钻成，所以起下钻的次数是很多的。

为了提高效率，节省时间，起下钻时不是以单根钻杆为单位进行接卸，而是以 2 或 3 根钻杆为一接卸单位，称为立根。立根长度（3 根）一般为 28.5m。为了配合这么长的立根，井架高度一般应为 45m 左右。

固井：一口井在形成时，要穿过各种性质不同的地层，有的地层岩石坚硬，井眼形成以后可以维持较长时间而不致坍塌,有的地层则很松软、破碎,形成的井壁不稳定,井壁上的岩石极易坍塌落入井内,有的地层内含有高压油、气、水等流体,有的地层则压力很低,易使洗井液漏失,有的地层含有某些盐类,会使洗井液性能变坏。

尽管地层复杂多变,还是得设法将这些地层钻穿,否则无法继续向下钻进。当这些地层被钻穿以后,上述的各种复杂情况有的可能消失,对以后的钻井工作不再造成危害。而有的则继续给钻井工作造成麻烦,也许会形成隐患。为了保护已钻成的井眼和使以后的钻井工作顺利进行,或为生产造成通路,应当在适当的时候对井眼进行加固,称为固井。固井的方法是将称作套管的薄壁无缝钢管下入井中,并在井眼与套管之间灌注水泥浆以固定套管,封闭住某些地层。这就是下套管,注水泥作业。一口井从开始到完成,常需下入多层套管并注水泥,即需进行数次固井作业。

事故处理:如物件落入井内需进行打捞,钻杆断在井内也要打捞,钻柱被卡在井内则要设法解卡。除落物外,引起井内复杂情况而需处理的原因多系洗井液性能不合要求所造成的,常见的有:沉砂卡钻、井塌卡钻、缩径卡钻、泥饼粘附卡钻、键槽卡钻。

二、钻井设备

常用钻具包括钻头、钻铤、稳定器、减振器、震击器、加重钻杆、钻杆、方钻杆、井底马达和连续导向动力钻具组合等。

1. 钻头(Drill Bit)

钻头是钻井时直接破碎岩石的工具。它的结构特点,制造工艺及选用是否得当对提高钻井速度、降低钻井成本很重要。近10多年来,随着钻井技术的提高,冶金和机械制造工艺的改进,钻头的设计、制造和使用都有了很大的改善,使各类钻头的技术经济指标有了很大的提高。

目前石油钻井常用的钻头(不包括地质钻探、矿产采掘等工业所用钻头),按其破碎岩石的作用原理分类,可分为切削型(刮刀钻头)、冲击压碎剪切型(牙轮钻头)和研磨型(金刚石钻头)3类(图3-2)。

破岩方式	适应岩石	钻头类型
切削	塑性岩层	刮刀钻头 　　　PDC钻头 
压碎	脆性岩层	牙轮钻头 
研磨	硬岩层	金刚石钻头 
水射流	松软岩层	射流功率强的钻头 

图3-2 钻头类型

(1)牙轮钻头使用过程中的常见事故:①牙轮卡死;②掉牙轮和断巴掌;③钻头牙齿磨光脱落;④轴承严重磨损或松动;⑤钻头"泥包";⑥钻头牙齿的不正常磨损,如图3-3所示。

图3-3 牙轮钻头使用过程中的常见事故
a.轴承磨损;b.非正常磨损;c.掉牙轮;d.钻头牙齿磨光脱落

(2)金刚石取芯钻头使用过程中的常见事故:①内径磨损;②外径磨损;③掉胎块;④工作层全部磨掉;⑤胎体过硬或过软,如图3-4所示。

图3-4 金刚石取芯钻头使用过程中的常见事故
a.内径磨损;b.掉胎块;c.工作层全部磨掉

2. 钻杆(Drill Pipe)

用于将破碎岩石的扭矩从地面传递给钻头,并形成洗井液循环的通路。钻杆用薄壁无缝钢立管制成,每根长8~12m。为了适应不同使用条件的要求,钻杆采用不同的钢级生产出不同直径、不同壁厚的多种规格(均为 API 标准)以供选用。

钻杆由厚壁高强度钢管制成。两端的接头比本体粗。一端为公扣，一端为母扣。其管体外径为 73~168mm，壁厚为 8.38~11.40mm，内径为 33~126mm。普通钻杆位于钻头与钻铤之间；加重钻杆位于钻铤与钻铤之间或钻铤与普通钻杆之间；承压钻杆位于钻头与钻铤之间（水平井中）。作用是：①将钻头送入井底，起下井内钻具；②输送高压钻井液；③传递扭矩；④控制钻压。

三方、四方或六方空心钢管称方钻杆（图 3-5），上接水龙头，下接钻杆，作用是将钻盘扭矩传递给钻柱。API 钻杆规范见表 3-1。

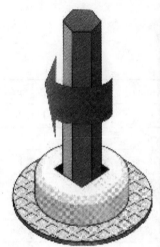 

图 3-5 钻杆（左图为方钻杆；右图为师傅在钻井现场挑选钻杆）

表 3-1 API 钻杆规范

外径(mm)(英寸)	内径(mm)	壁厚(mm)	线密度(kg/m)
114.3 ($4\frac{1}{2}$)	100.53	6.88	24.5
	97.18	8.56	24.7
	95.35	9.47	26.9
	92.46	10.92	29.8
127(5)	111.96	7.52	24.2
	108.61	9.19	29.0

2. 钻铤(Drill Collar)

钻铤由厚壁高强度钢管制成，两端有接头（图 3-6a）。一端为公扣，一端为母扣。通体外径相等，内径相等；其外径在 79~355mm 的范围内，内径为 31~76mm。常规钻进中，位置在钻杆下部、钻头之上；水平井钻进中位于普通钻杆与承压钻杆之间。其作用是：①提供钻压；②传递运动力和力矩；③控制井眼轨道；④传递泥浆。表 3-2 为钻铤规范表。

图 3-6 钻铤和接头

a. 钻铤；b、c. 接头

表 3-2 API 钻铤规范

外径(mm)(英寸)	内径(mm)	壁厚(mm)	线密度(kg/m)
146.1(5 $\frac{3}{4}$)	57.15	44.46	111.2
152.4(6)	57.15	47.6	122.7
158.8(6 $\frac{1}{4}$)	57.15	50.8	135.1
177.8(7)	71.44	53.2	163.2
203.2(8)	71.44	65.9	223.9
228.6(9)	71.44	78.6	290.2
254(10)	76.2	88.9	361.6
279.4(11)	76.2	101.6	444.9

3. 加厚钻杆

普通钻杆的壁厚 8～12mm，钻铤壁厚 45～100mm，两者直接相接，刚度差别太大，对钻杆不利。应当在两者之间接上加厚钻杆 18～21 根，使刚度不突然变化。

加厚钻杆实际上是一种特殊的厚壁钻杆，壁厚为 22～25mm。由于壁较厚，所以单位长度重量为普通钻杆的 2.4 倍以上。

这种钻杆通常接在钻铤与钻铤之间，或钻铤与普通钻杆之间。其作用：①用于钟摆钻具，增加钟摆力；②钻铤不足时可给钻头提供钻压；③由于壁厚大，具有较高抗张、抗弯曲强度，可以有效地防止和减少钻具事故。结构同于普通钻杆。加厚钻杆规范见表 3-3。

表 3-3 加厚钻杆规范

外径(mm)(英寸)	内径(mm)	壁厚(mm)	线密度(kg/m)
114.3(4 $\frac{1}{2}$)	69.9	22.2	59.4
127(5)	76.2	25.4	72.2

4. 接头

扣型：一般由三位数字组成，如411：①第一位数表示：丝扣端部处直径大小；②第二位数中1表示平扣，2表示贯眼扣，3表示正规扣；③第三位数中1表示公扣，0表示母扣。

不同的钻头、钻杆、钻铤及井下其他钻具，其扣型可能不一样，即丝口端部直径、锥度与螺距可能不同。钻柱配合有多种不同的组合，相互连接处的接头丝扣型号必须一致，如果二者扣型不一致，就连接不上，解决的办法就是用接头，它两端的丝扣各与拟连接的丝扣型号一致(图3-6b、c)。

5. 配合接头

钻杆与钻铤有多种不同的外径，它们的接头丝扣也就具有不同的节圆直径，锥度与螺距也可能不同。即使是外径相同的钻杆，也由于加厚方式的不同或其他原因，其接头丝扣的尺寸也不尽相同。钻柱配合有多种不同的组合，相互连接处的接头丝扣尺寸可能是不一样的，这就无法相互连接。解决的办法就是用配合接头，它两端的丝扣各与拟连接的丝扣同尺寸。

6. 保护接头

方钻杆下端接头丝扣处由于起下钻、接单根等作业接卸频繁而容易磨损。磨损后不易修复。水龙头中心管下端也有这个问题。这些丝扣需要加以保护以延长其使用寿命。采用的办法是在该处再加用一个接头，使经常接卸处移到这个新加的接头上就行了，如果损坏，换个接头还是简单易行的。这个接头就叫保护接头。

7. 吊卡、卡瓦、吊钳、提升短接、安全卡瓦

钻井起下钻时常用到钻杆吊卡(drill pipe elevator)、卡瓦(slip)、吊钳(tong)、提升短接(lifting)、安全卡瓦(safety clamp)、液压大钳图片(hydraulic tong)、套管吊卡(elevators for hanging casings)设备(图3-7~图3-8)。安全卡瓦在钻铤上无接头台肩，其下面用普通卡瓦卡钻铤，二者共同作用将钻铤卡紧，防止钻铤滑落井中。因此，在卸下吊卡前要卡上安全卡瓦，加上提升短节，并扣上吊卡以后再去掉。利用尖劈原理将钻杆、钻铤卡紧在转盘孔斜面上，以悬持钻杆柱重量，进行起、下管柱的作业。

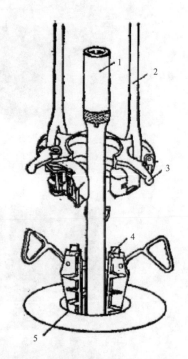

图3-7 吊卡与卡瓦(据姜仁,1996)
1.钻杆；2.吊环；3.吊卡；4.卡瓦；5.转盘

8. 打捞工具

打捞工具有公锥(pin tap)、母锥(hen tap)、打捞筒(overshot)、打捞篮(fishing basket)、打捞矛(fishing spear)、磁力打捞器(fishing magnet)、磨鞋(mill)(图3-9)。

图 3-8 常见钻具类型
a. 钻杆吊卡；b. 安全卡瓦；c. 套管吊卡；d. 钻具卡瓦；e. 液压大钳

图 3-9 常见打捞工具
a. 铣鞋和倒扣接头；b. 引子磨鞋和母锥；c. 公锥、磨鞋捞杯和平底磨鞋；d. 套子磨鞋、引子磨鞋和母锥

9. 稳定器(stabilizing tool)

稳定器是一端有母扣、一端有公扣的高强度钢管(图3-10)。两端设有接头，中间有加粗钢筋。位置在钻铤及钻杆中间。作用是控制井眼轨道，是满眼(保持原井眼轴线钻进)、钟摆和增稳降斜钻具组合中的必需部件。一般扶正器用3个，扶正器在钻具组合中的位置分布决定钻具组合效果(满眼钻具组合、钟摆组合等)。扶正器的外径应等于钻头外径。应及时更换掉直径已磨小了的扶正器。通常有直棱和螺旋两种类型。

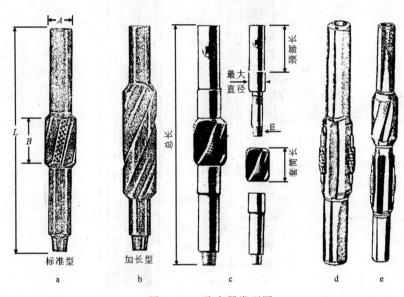

图3-10 稳定器类型图
a.标准稳定器；b.加长型稳定器；c.可换套螺旋稳定器；d.滚轮稳定器；e.组合稳定器

10.减震器(bumper)

减震器是一段轴向弹性较好的钻铤(图3-11)。利用工具内部的减震元件或可压缩液体吸收或减小钻井过程中对钻头和钻具的冲击和振动负荷，保护钻头牙齿、轴承和钻具，延长钻头寿命和减少钻具刺漏。位置在钻铤中间。

11. 震击器(jar)

震击器是钻铤的一个短节。当轴向拉力或压力达到一定的数值时，产生一个剧烈的轴向振动，以解除卡钻。位置在钻铤中间。

12. 井下动力装置(down hole motor)

所谓井下动力钻具，是指用循环钻井液作动力驱动工具芯轴带动钻头旋转钻井的钻具。井下动力钻具的共同特点是钻井时后面钻柱不旋转，井下动力装置前面钻具旋转。利用这一特点，在定向井斜钻进中，可以使井身沿一定方向倾斜钻进至预定目标。井下动力装置有3种：螺杆钻具(液压驱动、螺杆转子、定子)、涡轮钻具(液压驱动、涡轮、叶轮)和电动钻具(电动机驱动)。图3-12为螺杆转子。

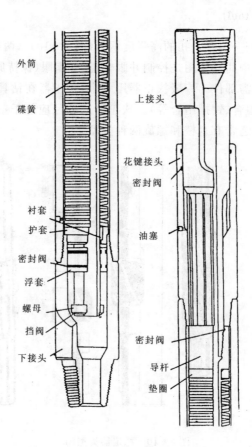

图 3-11 减震器示意图

图 3-12 螺杆转子

13. 防喷设备

钻井过程中存在井内压力平衡问题。泥浆漏失、溢流都可能使压力平衡被破坏,为了防止井场发生井喷事故,必须安装防喷设备。防喷设备主要包括多效能防喷器、闸板防喷器和旋转防喷器。多效能防喷器装在最上部,发生溢流时,一般是先关这个防喷器。密封件是带钢骨架的橡胶芯子。关闭时油压推动活塞上行,压缩橡胶芯子即可封住。放掉油压,活塞下行,橡胶芯子回到原位,该防喷器即打开。在发生溢流时,井口可能是全空的。也可能有钻杆、方钻杆。橡胶芯子可封住任何形状的井口,但因封闭全井口时芯子易坏,所以除非是紧急情况,不建议用于无钻杆时的全封闭,封闭以后可以允许钻柱进行小量活动。图3-13~图3-18为防喷设备及其工作原理图。

图 3-13 手动单闸板试油防喷器(左)和井口四通(右)

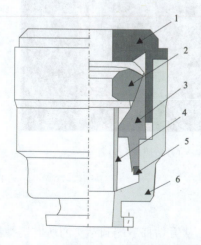
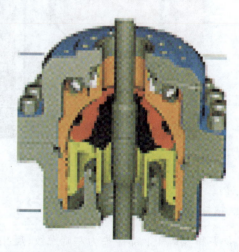

图 3-14 多功能防喷器(左)和多功能防喷器内部结构(右)
1.压盖;2.橡胶芯子;3.活塞;4.支承套;5.密封套;6.外壳

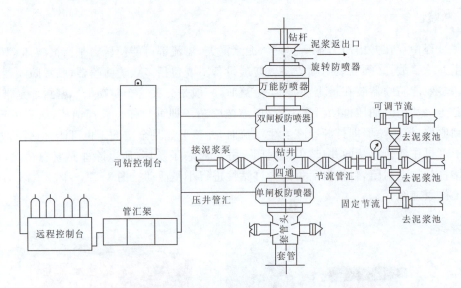

图 3-15 液压防喷器系统示意图

图 3-16 旋转防喷器(左)及动力站照片(右)

14. 钻柱组合

水龙头和方钻杆上部接头为左旋螺纹(反扣)。从方钻杆下端到钻头的所有接头都是右旋螺纹(正扣)。井下钻具组合方式有常规钻具组合、满眼钻具组合、钟摆钻具组合、纠斜钻具组合、特殊钻具组合(处理事故等)。图 3-19 为常见的钻柱组合方式。

图 3-17 井口防喷器组合

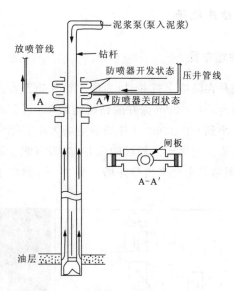

图 3-18 钻井防喷器原理示意图

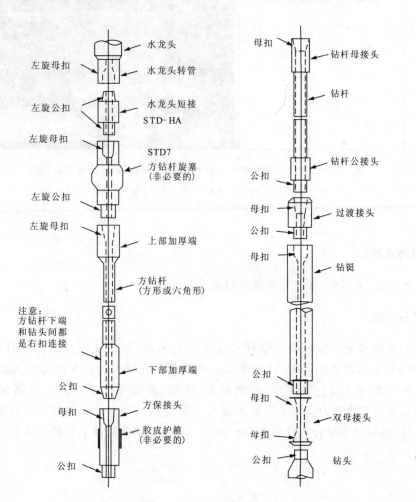

图 3-19 钻柱连接方式

三、钻井现场

1. 井场布置

井场是在陆地上打井时,为便于钻井施工在井口周围平整出来的一片平地,面积根据钻机的大小而定,打6000m深井的钻机约需$120\times90m^2$,3000m钻机约需$100\times60m^2$,再小些的钻机井场可小到$60\times80m^2$。井场的空场大小应能满足搬家、安装、固井等作业时大批车辆进出、摆放的需要。对离矿区较远的探井,尚需有职工所需的生活设施如宿舍、厨房等。如在水面上打井,则用钻井平台来代替井场。图3-20给出了一个井场的布置图。

图3-20 左图为钻井现场示意图;右图为井场夜景(据姜仁,1996)
1.井口;2.井架、钻机;3.泥浆泵;4.泥浆池;5.固相清除设备、除气设备;
6.水罐;7.油罐;8.值班房;9.库房;10.发电房

2. 旋转系统

主要由转盘、方钻杆、水龙头和钻柱组成(图3-21)。

3. 吊升系统

钻进时需将多于钻压需要的钻柱重量吊悬起来,换钻头或固井等作业时要进行起、下管柱,钻柱,其重量常达几十吨,这都要求钻井设备具有较大的起重能力。为此采用复滑轮系起重。吊升系统主要包括天车、游动滑车、大绳、井架及底座、绞车、水刹车、大钩、水龙头。吊升系统的起重能力应比实际最大值大20%左右。图3-22为利用吊升系统换单根过程。顺序是:提钻→方钻杆入小鼠洞(mouse hole)→单根链接井下钻杆→方钻杆链接钻杆→重新开钻。

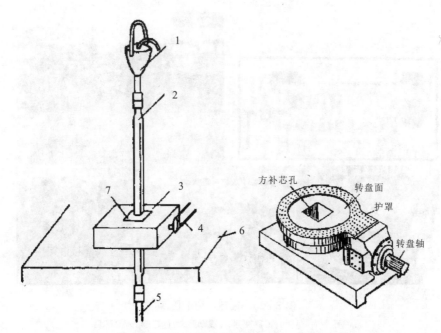

图 3-21　左为旋转系统；右为转盘（据姜仁，1996）
1.水龙头；2.方钻杆；3.转盘；4.驱动链条；5.钻柱；6.钻台；7.方瓦及方补心

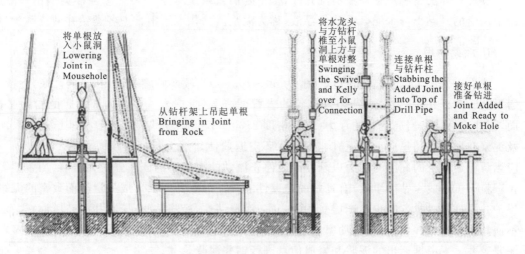

图 3-22　换单根过程（据 Bommer，2008）

4. 循环系统

循环系统主要包括泥浆泵、高压立管、水龙带、水龙头、方钻杆、井下钻具、井眼环空、防溢管、泥浆罐组、泥浆槽、固控设备（振动筛、除砂器、除泥器、离心机）（图 3-23）。

图 3-23 循环系统中仪器
a.除砂器内部结构；b.除泥器；c.震动筛；d.除砂器；e.泥浆泵

四、泥浆

旋转钻井法是利用钻井液清洗井底，携出岩屑及平衡地层压力等。各种类型钻井液中应用最广泛的是黏土与水混合后的悬浮液，称为泥浆。钻井术语中常把各类钻井液统称为泥浆。

1. 泥浆功用

清岩——泥浆以较高的速度（一般为 60～70m/s）自喷头喷嘴中流出，喷向井底，促使已碎岩石及时离开井底，为钻头钻切未破碎的岩石创造条件；携岩——将离开井底的岩屑带出地面，使井内清洁。岩屑受到的浮力（岩屑密度 2300～2700kg/m³，泥浆密度 1040～2350kg/m³）及泥浆在环形空间里向上的返升速度或称环空返速使岩屑上行；悬浮加重剂及岩屑——泥浆应当具有足够大的黏度与切力以悬浮因故停止流动的泥浆中的固体颗粒如岩屑、加重剂等，防止颗粒下沉造成卡钻等事故；有良好的造壁性能——能在井壁上形成一层薄而致密的泥饼，以保护井眼，防止坍塌，减少生产层受到的损害；润滑钻柱，冷却钻头；控制井内高压油、气、水层，不使其流体流入井内；将地面功率以水力功率的形式传到井下，驱动井下动力钻具破碎岩石；泥浆录井——根据返出的泥浆和岩屑信息进行钻井泥浆录井。

2. 泥浆组成

当前绝大部分的洗井液是水基泥浆，其连续相是水，水中悬浮有能水化的黏土，这些黏土可能是配制泥浆时加入的，或岩屑中可水化的黏土水化后形成的。泥浆中还有惰性颗粒，如增加泥浆密度用的加重剂以及细的岩屑颗粒。

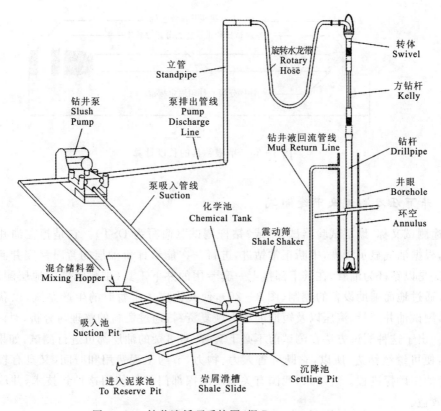

图 3-24　钻井液循环系统图（据 Bommer，2008）

3. 泥浆性能

泥浆性能主要是泥浆的密度、黏度、切力、失水量，分别由实验的泥浆密度秤、旋转黏度计和失水仪测量。

五、井深计算

井的最上部称为井口，井的最下部称为井底，井周围的侧壁称为井壁，井眼的直径称为井径，全部井眼称为井身，全部井身中的某段称为井段，井口转盘面到地面基墩的距离称为补芯高。井深指井口转盘面到井底的井眼轴线长度。计算公式是：

$$井深 = 钻头长度 + 钻铤长度 + 钻杆长度 + 各种接头长度 + 方入 = 钻具总长 + 方入$$

方入指方钻杆在转盘面以下的长度，方余指方钻杆在转盘面以上的长度，到底方入指钻具下到井底时的方入，整米方入指钻具下到整米时的方入，取芯方入指取芯钻具下到井底时的方入，割芯方入指取芯钻具开始割芯时的方入，打捞方入指打捞工具碰到井底落物时的方入，造孔方入指造孔工具下到造孔位置时的方入，交接班方入指交接班时的方入。钻具的长度从母扣（0）边到公扣（1）纹最深处。图 3-25 显示了单根钻具长度的计算方法。

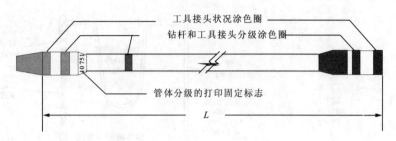

图 3-25 单根钻具的长度计算

六、井下压力测试及中途测试

中途测试又称"地层试验器试井"或"钻杆测试"(简写为 DST)。它是指在油井正常钻进过程中,根据油气显示程度,中断正常钻进,进行一次能够评价油层的暂时性完井测试。这种测试方法是以钻杆为油管,在其下部接上一套专用的井下工具(带封隔器的地层测试器)下到油层处,通过地面辅助设备的控制(图 3-26),使其构成一个暂时的生产系统,以获取油层流体样品,测试油井产量、流压以及短期的压力恢复资料,通过资料的整理与分析,对油层做出初步评价。由于这种测试方法在测试前不必下套管,对可疑的油层都可进行测试,如果对油层评价不高,便可继续钻进,所以,它既可省人力、物力,节约工程费用和时间,又具有较大的灵活性,加速油田勘探进程。近年来,我国有关地质勘探部门都已使用这种新技术,并取得了良好的经济效益。

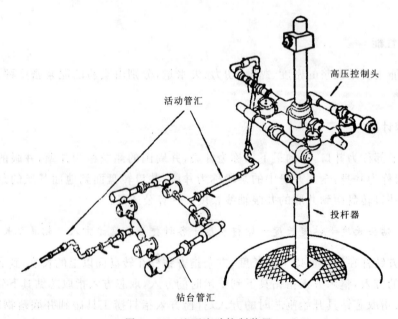

图 3-26 地面流动控制装置

目前,我国现场上的地层测试器主要有3种。

(1)"MFE"多流量试验器(图3-27),适用于裸眼井的中途测试和下套管的完井测试(JOHNSTONE公司)。整套测试工具均借助于钻杆的上、下运动来操作和控制井下工具的各种阀,具有操作方便、动作灵活可靠、地面显示清晰的特点。测试时在地面可以比较容易地观察和判断井下工具所处的位置,并能获得任意次开井流动和关井测压期。MFE系统包括多流测试器、旁通阀和安全密封。

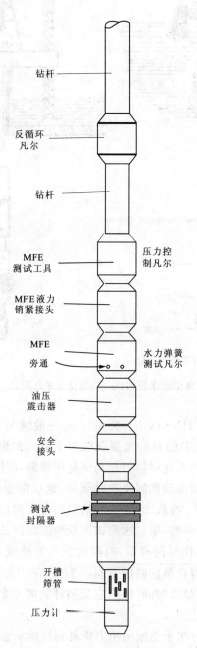

图3-27 "MFE"多流量试验器

(2)"PCT"试验器（JOHNSTONE 公司）压力控制测试器即 PCT（Pressure Controlled Tester），是专为海洋测试而设计的，也可用于海洋自升式钻井平台、固定平台或陆地井斜较大的井斜测试（图 3-28）。

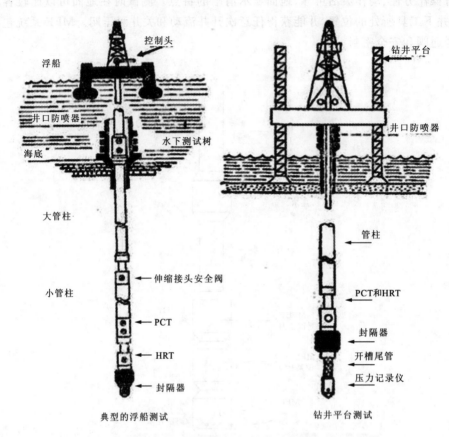

图 3-28 典型的浮船测试（左）和钻井平台测试（右）示意图

(3)膨胀封隔器试验器（JOHNSTONE公司）。在一般情况下，中途测试有两次流动、两次关井（图 3-29）。初流动、初关井的目的是要获取一个可靠的原始地层压力。因为封隔器是在泥浆中张开的，把部分泥浆挤入地层将引起局部超压现象，所以需要在初流动期间通过流体采出而得到释放。另一方面，初流动期间生产时间短，地层能量消耗少，因而在初关井期间可得到比较可靠的原始地层压力。终流动、终关井的目的是要测得一条合格的恢复曲线。为此，第一次测试周期所用的时间短一些，第二次测试周期所需时间长一些。

地层测试器在井筒中的工作时间有限，时间太长可能造成井壁垮塌或卡钻等复杂情况。但测试时间太短，又不可能取得合格的测压资料。为此，在中途测试的设计中，首先应考虑测试工具在裸眼井内允许停留的最长时间，因为它是制订测试方案的主要依据。一般说来，初流动期为 5~10min，目的是释放压力。

初关井约 30min~1h，目的在于使地层压力恢复到原始状态。

终流动时间可长一些，需 30~120min，这是为了达到一定的生产时间 T_p。

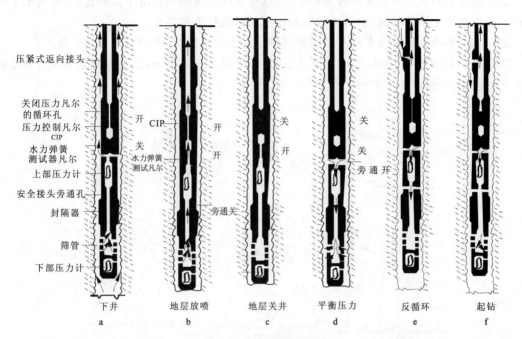

图 3-29 压力测试过程

a.试验器下入井筒；b.流动测试，诱导油流（初流动）；c.关井测压获取压力恢复资料；
d.压力平衡，获取地层样品，终关井结束，DST 测试测压工作完成（两流两关），迅速关水力弹簧凡尔；
e.反循环，计量产液量，收回封隔器，打开反循环凡尔，泥浆进入钻杆，顶替流体出地面计算地层总产液量；
f.提出试验器（起钻），地层测试结束，泥浆返回井筒

终关井时间一般大于或等于终流动时间。为了能够测到一条足够长的半对数直线，在低渗透地层或裂缝地层中的测试往往需要更长时间。一张合格的压力卡片（图 3-30），还需要具有如下特征：①压力基线是一条清晰的直线；②记录的初始与最终的泥浆往静水压力值（即 C 点与 J 点）相同，而且应该与深度及泥浆密度测算的结果相符合；③压力降落与压力恢复曲线要光滑。

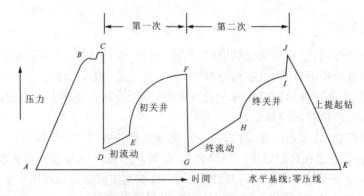

图 3-30 地层试验器压力记录卡片示意图

$A—B$.下井线；$B—C$.测试中停顿为坐封封隔器做准备；$C—D$.水力弹簧凡尔液柱压力降到测试时的井底压力；$B=J$.泥浆柱静水压力最大值；$I=F$.原始地层压力

测试过程中的压力卡片是多种多样的,把这些曲线的变化与标准卡片相比较,就可能了解测试工具在井下工作的状况,也可大致判断油层的渗透性能的高低。

图 3-31 中的各张压力卡片及其说明列举了典型的情况,可作为卡片分析时参考。

DST 压力恢复资料应用:①地层流动系数;②计算表皮系数 S;③原始地层压力 P_i;④确定油井污染比;⑤排驱面积半径。

图 3-31　异常地层试验器压力记录卡片(ABCDEFGHIJKLMN)

七、岩芯描述

(1)岩芯分析的作用:①研究地层的岩性、物性、电性、含油性等;②掌握生油层特征及地球化学指标;③考察古生物的分布、沉积构造特征、沉积环境等(图 3-32)。

(2)取芯原则:①新探区第一口探井一般可不取芯;②勘探阶段取芯应点面结合;③主要油气层应重点取芯;④特殊目的层的取芯。

(3)取芯及整理岩芯:包括 4 步,取岩芯→清洗→丈量→整理。

取岩芯。取芯钻进过程包括钻出(形成)岩芯、保护岩芯和取出岩芯 3 个主要环节。取芯工具一般都包括有取芯钻头、岩芯筒、岩芯爪(图 3-33)等基本组成部分和回压凡尔、扶正器等辅助部件。常用的岩芯筒由内岩芯筒和外岩芯筒组成,内、外岩芯筒的长度一般为5~13m。

清洗岩芯。对致密岩芯可用水龙头冲洗,洗掉表面泥浆膜即可。疏松岩芯应缓慢冲洗。

岩芯丈量。岩芯收获率=实取芯长度(m)/取芯进尺(m)。

图2-32 岩芯观察时拍摄的照片(注意照片的摆放、比例尺标识、岩芯记号)

图3-33 取芯钻具、岩芯爪和取芯筒照片

a.取出的岩芯和取芯钻头;b.取芯筒底部的岩芯爪;c.金刚石地质取芯钻头;d.金刚石复合片取芯钻头;
e.四牙肋骨取芯钻头;f.取芯筒;g.胎体PDC取芯钻头;h.热稳定聚晶取芯钻头;i.天然金刚石取芯钻头;
j.孕镶金刚石取芯钻头。图片c、d、e来源http://www.zuantou.org,图片g、h、i来源http://www.flbit.com

整理岩芯。①按顺序放入岩芯槽,对齐断处(图3-34左);②彩色蜡笔在每块岩芯上划一条直线,标箭头(向下);③初步描述、封蜡、取芯;④编号(如 $5\frac{3}{10}$),表示这块岩芯是第5次取芯,共取10块,本块为第3块(图3-34右);⑤装入岩芯盒;⑥标签注明(顶、底、盒正前方,盒号由上往下变大);⑦上架保存。

(4)岩芯描述。①描述内容:颜色、含油性、沉积构造特征(层理、水流特征、沉积序列、砾石长宽、微裂缝等)、特殊含油物(化石、云母、植物根迹)、岩芯深度归位;②描述方法:井号、筒次、取芯井段、收获率;由上往下看,分层描述;一看二摸三闻四舔;画岩性剖面。

(5)岩芯描述的准备及注意事项:准备刚卷尺、放大镜、锤头、照相机、盐酸、清水、记录材料。保护岩芯,注意顺序,不要乱放、倒放。

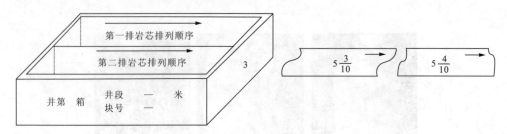

图 3-34 岩芯的编号和岩芯排列(左)和岩芯的编号方法(右)示意图

八、钻井地质的任务

钻井地质的任务是在钻井过程中取全取准各项直接或间接反映地下地质情况的资料和数据(表 3-4)。

表 3-4 钻井地质要求取得的资料列表

资料项目	数据内容
一、录井资料	1 岩屑录井 2 钻时录井 3 泥浆录井 4 气测录井
二、测井资料	5 标准测井 6 横向测井 7 放射性测井 8 微电极测井 9 井径测井 10 井温测井 11 井斜测井 12 其他测井
三、岩芯资料	13 钻井取芯 14 井壁取芯
四、储油层岩性	15 薄片鉴定 16 粒度分析 17 碳酸盐含量 18 岩芯含盐量
五、地层对比资料	19 油层总厚度 20 油层有效厚度 21 最好油层厚度 22 最大单层厚度
六、含油饱和度	23 原始含油饱和度 24 残余油饱和度
七、孔隙度	25 总孔隙度 26 有效孔隙度
八、渗透率	27 空气渗透率 28 有效渗透率
九、油层温度	29 油层温度 30 地温梯度
十、地层压力	31 原始地层压力 32 静止压力
十一、饱和压力	33 饱和压力
十二、流动压力	34 流动压力
十三、井口压力	35 油管压力 36 套管压力
十四、油气比	37 油气比
十五、原油性质	地层条件下:38 原油黏度 39 原始油气比 40 体积系数 41 压缩系数 42 原油密度 地面条件下:43 原油比重 44 原油黏度 45 凝固点 46 含蜡量 47 蜡溶点 48 含水率 49 含砂量 50 馏分
十六、天然气性质	51 天然气比重 52 天然气黏度 53 天然气组分
十七、地层水性质	54 矿化度 55 成分 56 比重 57 机械杂质 58 含铁量
十八、产量	59 产油量 60 产气量 61 产水量 62 注水井吸水量
十九、含油面积和油水边界	63 含油面积 64 油水边界
二十、黏土夹层	65 黏土性质 66 夹层厚度 67 夹层分布范围 68 有机碳 69 还原系数 70 沥青性质及含量

第二节 固井工程

一、固井目的

固井是将套管下入井内,并在套管与井眼之间注以水泥。固井的目的是:①封隔地下各油、气、水层,使不互相串通;②为井的投产建立生产通道;③封闭暂时不开采的油、气层;④保证井自始至终处于人的控制之下。当遇紧急情况需压井时,不会压裂地层,增加问题的严重性,这对海洋钻井更为重要;⑤为安装井口防喷装置创造条件;⑥封隔对泥浆密度要求相互矛盾的地层,如上边要求大,下边要求小时;⑦对钻井时遇到的井塌、井漏、高压层等情况,用调整泥浆性能不易解决或可能留有遗患时,用下套管、注水泥的办法封隔,清除隐患,保证钻井的顺利进行。

二、井深结构

主要解决下几层套管,各层套管各下多深,各次水泥返升高度是多高,套管、钻头直径如何配合等问题(图3-35)。

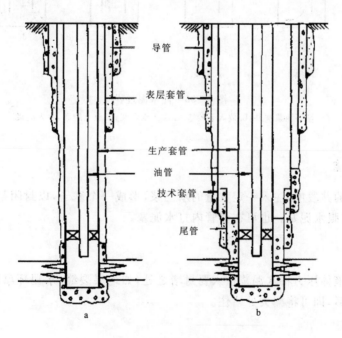

图3-35 套管类型
a.正常压力井;b.异常压力井

三、注水泥

作业流程是:下完套管以后,循环泥浆洗井;放入下胶塞,注入水泥浆;水泥浆注完以后,放上胶塞,替入泥浆。下胶塞到底时间视水泥量之多少而定,可能在替泥浆之前,也可能在替泥浆开始之后。下胶塞到底被挡住之后,水泥浆整破下胶塞,自其孔中流出,从管外环空上返;替泥浆到上胶塞下行到与下胶塞相碰时,注水泥工作结束。两塞相碰叫碰压,因此时泵压突然升高;如果水泥量很高,可以用双级注水泥,即把注水泥工作分成两步来做,每一步的做法与上述相同。图3-36是具体的注水泥过程。

注水泥的设备主要有:水泥车——一种专用车辆,车上装有出口压力较高的泵,以供注水泥之用;水泥混合漏斗——一般是经漏斗配成的水泥浆立即打入井中;胶塞——用来在套管内隔开水泥浆与泥浆,不使相混,并刮净套管内壁上附着的泥浆。

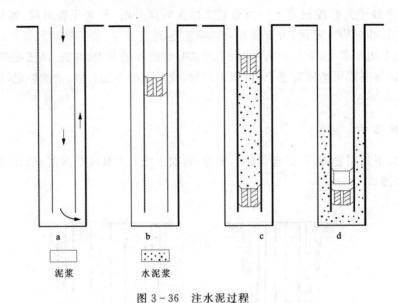

图3-36 注水泥过程
a.循环泥浆洗井;b.放入下胶塞;c.注入水泥浆;d.放上胶塞,替入泥浆

四、打水泥塞

在未下套管的井段中,注入一定数量的水泥浆,形成一个塞子,以封闭某一段裸眼地层的作业,称之为打裸眼水泥塞。也可在套管内打水泥塞。

五、挤水泥

利用较高的液体压力将水泥浆挤入要封堵之处,如地层裂缝、水泥环窜槽处、套管破裂处等。待水泥凝固后,即可将漏失处堵住。

第三节 完井工程

生产层的地质条件各不相同,有的坚硬,有的易坍塌,有的有砂,有的有底水,等等。针对这些条件,采取不同的油层部位的结构形式就是完井方法(图3-37～图3-41)。

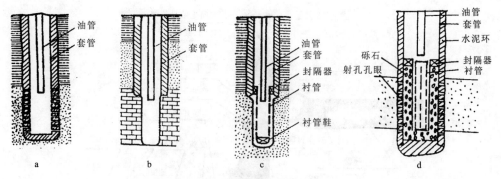

图 3-37 完井方法示意图
a.射孔完井法；b.裸眼完井法；c.衬管完井法；d.砾石充填法

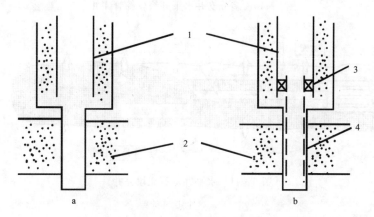

图 3-38 先期完成法示意图（据姜仁，1996）
a.先期裸眼法；b.衬管完成法；1.油层套管；2.生产层；3.悬挂器；4.衬管

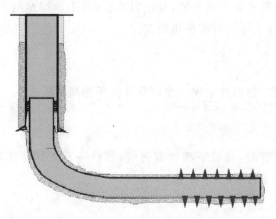

图 3-39 水平井射孔完井图

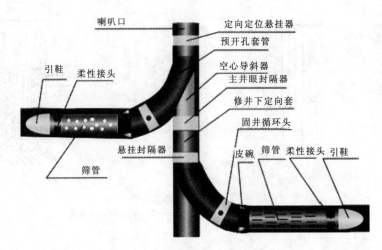

图 3-40 多分支井水平井绕丝筛管完井

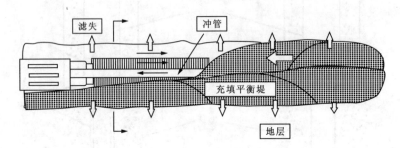

图 3-41 水平井砾石充填完井

完井方法分为以下四种。

1. 射孔完成法

生产层打开以后,套管一直下到井底,并注以水泥,将生产层全封。生产时在油层部位射孔,可用于隔开底、分层开采等。目前使用较多。

2. 后期裸眼完成法

套管下到生产层顶部,然后注水泥。使用条件同于先期裸眼法。

3. 贯眼完成法

打开生产层后,下套管时,套管下部接有衬管,管柱一直下到井底,然后在衬管以上注水泥。适用于有砂、无水的条件。

4. 砾石完成法

在衬管的外边充填上砾石以加强防砂效果,如果油井出砂,很容易导致事故的发生,如套管变形、砂埋地层、堵塞管线等。所以要采取机械防砂、化学防砂或复合防砂技术,机械防砂有下入筛管、砾石充填等；化学防砂主要是人工井壁和化学固砂；复合防砂主要是压裂防砂、射孔砾石充填等。

第四节　测　井

一、测井仪器介绍

第一条测井曲线是在1927年于法国东北部阿尔萨斯省的Pechelbronn小油田内的一口井中记录的，在井眼穿透的岩层上得到的这条电阻率曲线是用"点测"方法记录的，井下测量装置（叫作电极系）按固定的间距在井内停下来进行测量，然后计算出电阻率并用手工点在图上，逐点完成这一过程。

在现场测井过程中，使用的测井系列很多，常用的测井系列如表3-5所示。图3-42、图3-43为江汉油田测井仪器中心。

表3-5　常见测井系列测井符号、英文名称和中文名称对比

测井符号	英文名称	中文名称
Rt	True Formation Resistivity	地层真电阻率
Rxo	Flushed Zone Formation Resistivity	冲洗带地层电阻率
ILD	Deep Investigate Induction Log	深探测感应测井
ILM	Medium Investigate Induction Log	中探测感应测井
ILS	Shallow Investigate Induction Log	浅探测感应测井
Rd (LLD)	Deep Investigate Double Lateral Resistivity Log	深双侧向电阻率测井
Rs (LLS)	Shallow Investigate Double Lateral Resistivity Log	浅双侧向电阻率测井
RMLL	Micro Lateral Resistivity Log	微侧向电阻率测井
CON	Induction Log	感应测井
AC	Acoustic	声波时差
DEN	Density	密度
CN	Neutron	中子
GR	Natural Gamma Ray	自然伽马
SP	Spontaneous Potential	自然电位
CAL	Borehole Diameter	井径
K	Potassium	钾
TH	Thorium	钍
U	Uranium	铀
KTH	Gamma Ray Without Uranium	无铀伽马
NGR	Neutron Gamma Ray	中子伽马
FMI	Fullbore Formation Microimager	成像测井（斯伦贝谢）
CMI	Compact Micro Imager	成像测井（韦瑟福德）

图 3-42　江汉油田测井仪器中心

图 3-43　野外测井现场

二、井场工作

电缆式电测井是用测井车来完成的,有时称它为"活动实验室"(图 3-44)。测井车是载运井下测量装置,向井中下放电缆和仪器所需的绞车、给井下仪器供电并接收和处理测井信号的地面装置,以及获得"测井曲线"永久性记录所需的设备。

井下测量装置通常由两部分组成:一部分是用来进行测量的传感器,叫做探测器(传感器的类型取决于测量的性质:电阻率传感器是电极或线圈;声波传感器是换能器;放射性传感器是对放射性敏感的检测器;等等),探测器的外壳可用钢或纤维玻璃制成。另一部分是包括给传感器供电,处理测量信号和把信号通过电缆传输到测井车上的电子线路部分。

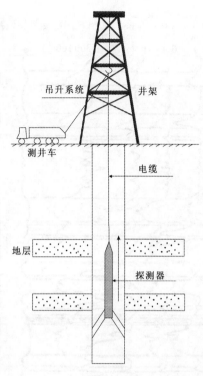

图 3-44 电缆式测井工作示意图

测井仪器连接在用于向井中下放仪器和从井中提起仪器的电缆上。大多数电缆由 6～7 个铜缆组成,中心有一根光纤缆芯。电缆和测井仪器放入井中和从井中提出是由安装在车上的缆车进行的。

井深是用刻度过的测量滑轮系统来测量的。为了保证电缆拉紧和深度更准确,一般从井中上提的过程记录测井曲线。

测井仪器可以组合,我们可以同时测量多条测井曲线。此外,在现场还有电成像、声成像和多臂井径成像测井等仪器。

三、测井解释

1. 划分渗透层

砂泥岩剖面中的渗透层,通常根据自然电位曲线偏负深度,深、浅探测电阻率曲线反映的侵入现象以及存在有泥饼这几个特征综合确定。勘探经验表明,采用声感组合为主的测井系列,可以准确地划分渗透层。其中用自然电位(SP)确定渗透层的位置,以微电极(ML)曲线划分渗透层面。

自然电位(SP):以泥(页)岩为基线,当泥浆滤液电阻(R_{mf})大于地层水电阻(R_w)时,渗透层在自然电位曲线上为负异常。异常幅度大小取决于储层的泥质含量、致密程度和地层水与泥浆水电阻率的差别,泥质含量越多,岩石越致密,幅度越小;泥浆滤液电阻与地层水电阻相差越明显,异常幅度也就越大。图 3-45 为砂泥岩剖面油、气、水层综合图。

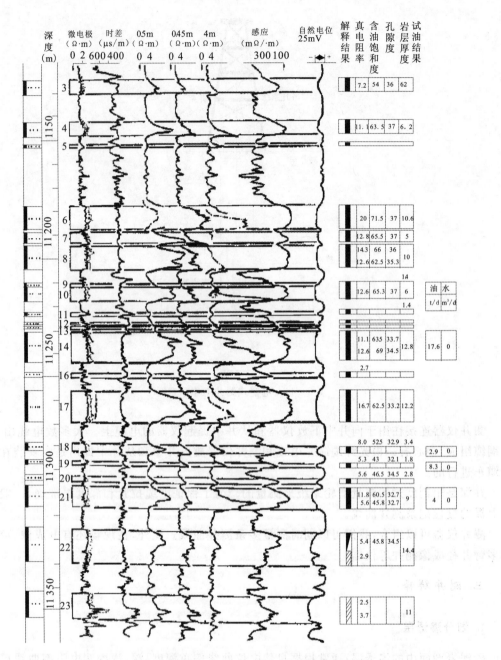

图 3-45 砂泥岩剖面油、气、水综合图(据《测井资料解释》,1981)

2. 判断油、气、水层

岩芯、岩屑和井壁取芯的含油级别、钻时变化、钻井中油气显示程度是反映地下油(气)层的直接标志(表 3-6)。

表 3-6 油、气、水层测井曲线的定性特征

层别		定性特征							
		视电阻率及侵入特征	深探测电阻率	自然电位	微电极	自然伽马	中子伽马	声波时差	井径
气层		高值、减阻侵入 ($R_{mf}>R_w$)	高值	负异常	正幅度差，高—中等	低于围岩	高于油层	高值，周波跳跃	一般小于钻头直径
油层		高值、减阻侵入 ($R_{mf}>R_w$)	典型水层电阻的3倍以上	负异常	同上	同上	低于气层	中—高值	同上
水层	盐水层	低值、明显增阻侵入	低值	负异常，大于油层	低值，正幅度差	同上	高于油层	中—高值	同上
	淡水层	中低值	中低值	一般为较小的负异常	中低值，正幅度差	同上	油层相似	中—高值	同上

第五节 射 孔

油田井下射孔作业是采油工艺中的重要环节,是位于采油作业之前,在地震勘探、钻井、测井、固井、清井之后的一道作业程序。射孔作业是油田开采的一项重要步骤,它与测井、固井同属完井作业,是钻井工程的组成部分。射孔是在完井过程中,运用火工、机械,甚至水动力、激光技术在井筒中建立油井与地层的有效沟通通道的过程。

一、射孔技术的发展阶段

第一阶段(1865—1947)——射孔发展的混沌时期。
(1)"炸药爆炸式射孔",即采用锡爆炸器引爆在井底充填的炸药。
(2)"单刀套管锯",即利用刀片旋转在套管上开孔。
第二阶段(1948—1980)——以聚能射孔为主要特征的发展阶段。
(1)1948年美国Welex公司开发出最早的聚能射孔器并用于油井射孔中。
(2)1960年以来,伴随着聚能射孔的发展,国际上在"深穿透高孔密"方针指导下,迅速在器材、工艺、测试方法等方面取得了长足的进展。
(3)1970年由美国学者首先提出将负压与射孔相结合,经过10年的努力,直到1980年才使负压射孔在世界各国得到完善和推广。
第三阶段(1981—)——聚能射孔和压裂结合为主要特征的复合射孔阶段。
(1)20世纪80年代初首先由美国学者发表射孔与压裂结合的专利,但始终未见有实施的实例报道。
(2)20世纪90年代初,美国、加拿大、俄罗斯、中国相继出现了射孔与压裂结合的技术(图3-46)。

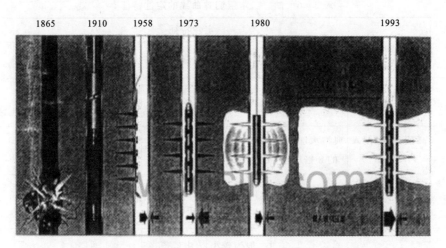

图 3-46 射孔技术发展史图(石油射孔历史 140 年)

二、射孔弹

油田使用的射孔弹主要有大孔径射孔弹、高孔密射孔弹、耐高温射孔弹、油管输送式射孔弹和各类切割弹。例如,美国有 6 个射孔弹生产厂,每年共生产 1500 多万发射孔弹,广泛用于自销和出口。

1. 射孔弹的发展历史

第一阶段:子弹射孔器阶段。

1926 年,兰-威尔斯公司设计成功子弹射孔器;1932 年,首次应用美国加利福尼亚州射孔枪子弹射孔——存在的问题主要是弹头穿透距离太短、射孔作业时间长、效率低。

第二阶段:聚能射孔弹阶段。

1946 年,Mclemore 提出军用聚能弹可以用于油井射孔;1952 年,出现了玻璃外壳射孔弹;1958 年,出现了无枪身耐温 200℃的聚能射孔弹;1973 年,出现了耐温 250℃的聚能射孔弹。

2. 射孔弹的分类

国际上将射孔弹分为深穿透(DP)和大孔径(BH)两种。每一类射孔弹又有许多型号,以适应不同的射孔枪和地层。以 DP 系列为例,口径从 26mm 到 50mm,有几十种型号。从长远来看,射孔弹的发展方向应该是高穿深、高孔密、大孔径、无污染。而药型罩直接影响到射孔弹的性能,无论是改进现有的品种还是开发新的射孔弹品种,药型罩的设计都是最主要的工作之一。

(1)深穿透射孔弹。工作原理是:利用聚能效应使炸药爆炸的能量作用于金属罩,而产生高温、高压、高速的金属射流,穿透套管和固井水泥环,在油层中形成一定深度的孔眼,沟通井筒和地层自然裂缝,使储层中的原油或天然气通过射孔孔道流入井筒。其特点是入口孔径大,穿深稳定,孔眼规则,主要用于油、气井的完井射孔和补孔(图 3-47 左)。

(2)BH71RDX39 型号射孔弹(海洋/陆地大孔径射孔弹)。该型号射孔弹设计新颖,它采用新的装药结构及抛物线型药型罩,射孔后在套管上可形成大的孔径,尤其适用于稠油开采,该系列射孔弹装药简单,射孔后孔眼光滑、孔道粗、无杵堵,对套管无伤害。对射孔后加入支撑剂极为有利,孔密度为 39 孔/m(图 3-47 右)。

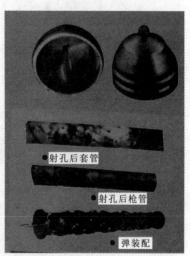

图 3-47 射孔仪器介绍图片

三、主要的射孔技术类型

1. 深穿透射孔

一般地层和稠油地层用深穿透射孔,射孔目的主要是提高穿深能力,使射孔孔道穿过井筒周围的地层污染带,并进入原始地层一定深度,从而提高采油效率。对于污染严重的井和稠油井效果更加明显(图 3-48)。

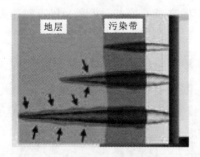

图 3-48 深穿透射孔示意图

2. 复合射孔

射孔的同时对地层进行高能气体压裂,用于造缝、延缝、解堵等。适用于压力衰竭地层和高压低渗透地层等采用负压射孔没有效果或效果不理想的井(层)的射孔施工,可配套用各型射孔器(图3-49)。

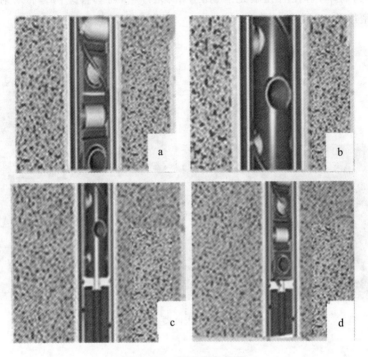

图3-49 射孔器的分类
a.内置式；b.外置式；c.下挂式；d.混合式

3. 直井定向射孔

在裂缝地层中一般采用定向射孔、高孔密射孔、超正压射孔和复合射孔。直井定向使用陀螺仪实现在套管内寻找射孔方位,该技术主要使用在地应力比较典型地层、裂缝性油藏和边水锥进地层。应用该技术射孔可以使射孔孔眼对准地层裂缝走向或垂直于裂缝走向,使井筒和尽可能多的地层裂缝相通,从而提高单井产量,改善水利压裂效果(图3-50)。

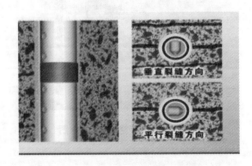

图3-50 射孔枪身连接示意图

4. 超正压射孔

压力衰竭地层和高压低渗地层等采用负压射孔效果不理想时,可采用超正压射孔施工。使用酸液、压裂液及其他保护液射孔的同时给地层加约 1.2 倍破裂压力并持续一段时间,在加大延伸裂缝的同时还可与压裂酸化、氮气吞吐联作,解决了造缝、解堵等一系列问题,可有效改善近井地带目的层渗流特性(图 3-51)。

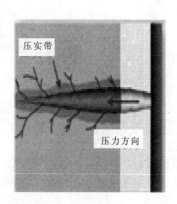

图 3-51 超正压射孔示意图

5. 高孔密射孔

对于地层渗透率各向异性严重的储层,一个孔眼控制的油层厚度较小,采用该技术可增加孔眼、提高采油效率。对于防砂井,采用孔密 120 孔/m、112 孔/m 的高孔密射对地层出砂有明显的抑制作用,可以达到较好的防砂效果(图 3-52)。

图 3-52 高孔密射孔示意图

6. 全通径射孔

全通径射孔是指射孔后,枪内和油管内实现连通,连通孔径约等于油管内径的射孔枪系统。全通径射孔原理是采用新材料、新结构和特制火工品,利用射孔起爆的能量,使射孔枪管串内部构件破碎或燃烧,实现枪管串内部的全通。枪芯碎屑可以留在枪管串底部的口袋枪内,也可以释放至井底。该工艺射孔后不需要起出管柱就可以进行后续工程作业,如过油管测井、测试、酸化、注汽等,可以减少起下管柱的作业费用,提前投入生产。还可以避免压井污染,提高油气井产量(图 3-53)。

图 3-53 全通径射孔技术示意图

7. 转向式过油管射孔

增加过油管射孔的穿深和孔径,提高采油效率。射孔段上部套管变形缩径对射孔枪外径的限制。气井补射孔,不用压井起管柱,避免地层污染。

8. 三联作射孔

探井的射孔、测试联作是油田发展较为迅速的一项试油工艺。三联作射孔技术主要是把油管传输射孔、地层中途测试器和水力排液泵同时下入井中,进行试油作业。

四、射孔效果评价

射孔作业是油气勘探和开发一个非常重要的环节,有效的射孔孔眼对于正确评价油气层、提高油气井产能和提高油气藏采收率是至关重要的。

研究结果表明,油气井的产率比大致和以下几个方面的因素有关:① 射孔的几何因素,主要包括射孔弹穿透深度、孔密、相位、孔径、布孔方式等;② 地层特性因素,主要包括地层污染、非均质和各向异性等;③ 射孔环境,主要包括负压值的选择。

五、射孔技术应用范围

(1)当射孔眼深度没有穿透污染带时,地层流体必须通过污染带流入井内,由于污染带渗透率的明显降低影响流体的运移,产量达不到没有污染时的水平,所以必须射穿污染带达到地层内一定深度才能发挥地层应有的产量,在这种条件下目前应用深穿透射孔弹及深穿透射孔技术。

(2)在渗透率高的砂岩地层、稠油层,目前应用大孔径射孔弹及大孔径射孔技术。与常规射孔相比较,它大幅度提高射孔眼直径,增加泄流面积。其优点:一是对需要后续机械或化学防砂井的射孔,可使采取后续措施不减少产量;二是可提高携砂生产井的产量。

(3)在渗透率各向异性严重的储层,目前应用直径较小的射孔弹和高孔密射孔技术。该储层类型的特点是纵向连通性较差,横向(水平)连通性能较好,也就是说一个孔眼控制的油层厚度较小。与常规射孔相比较,大幅度提高射孔孔密、增加孔眼数量对提高采油效率有很明显的作用。

(4)对于出砂严重的地层,目前应用防砂射孔弹和防砂射孔技术。利用射孔器在套管射孔过程中,靠射孔爆炸及推进剂燃烧的作用力将防砂材料从枪管的射孔孔眼推出,以不规则状交织压实并固定于射孔打出的地层孔道中,形成一个防砂网,达到防砂的目的。此外,采用大孔径射孔技术,可以增加射孔孔道的面积,减小单位面积上的压强,从而减少出砂的可能,以达到防砂的目的。还有就是上面说的采取小直径的射孔弹,以便于实施高孔密射孔,它减小了孔眼穿深和直径,增大泄流面积,改变渗流曲线,减少液流速度,降低携砂能力,使在孔眼附近容易形成砂桥,达到防砂不减产的目的。孔密120孔/m、112孔/m 的高孔密射孔对出砂井射孔时,对地层出砂有明显的抑制作用,可以达到较好的防砂效果。

(5)在利用常规射孔后效果不好的渗透率中等以下的砂岩;古潜山硬脆性地层;有射孔压实带污染及钻井、固井等前期污染地层;储层物性较差、渗透率在$(10\sim100)\times10^{-3}\mu m^2$的地层;储层具有一定的产能、受污染较严重等5种地层,目前应用复合射孔技术、复合射孔技术,具体是将射孔和高能气体压裂技术合二为一,将聚能射孔弹和火药一起下井,利用炸药爆炸和火药燃烧的时间差,形成先射穿孔眼再利用高能气体压裂技术对地层进行解堵、造缝,有效地提高近井地带渗透率,达到大幅度增加近井带渗流面积从而达到增产的目的。

第四章 油藏开发及开采工程

第一节 采油现场

抽油机井采油是油田应用最广泛的采油方式,它是靠人工举升井筒液量来采油的。采油生产的原理是地面抽油机的机械能通过抽油杆带动井下抽油泵往复抽吸井筒内的液体降低井底压力(流压),从而使油层内的液体不断地流入井底,泵抽出的液体由井口装置即采油树不断地抽出。采油一般分有杆泵采油和无杆泵采油。有杆泵采油包括游梁式抽油机井有杆泵采油和地面驱动螺杆泵采油。他们都是用抽油杆将地面动力传递给井下泵。前者是将抽油机悬点的往复运动通过抽油杆传递给井下柱塞泵;后者是将井口驱动头的旋转运动通过抽油杆传递给井下螺杆泵。目前矿场广泛应用的是游梁式抽油机井有杆泵采油。

一、注水井

油田投入生产以后,随着油气的采出,地层压力就会下降,这就需要向地层补充能量。目前补充地层能量的方法有向油气藏中注水和注气,但绝大部分油田都是采用注水来补充地层能量。注水是通过注水井将水注入地层,从而保持地层压力,提高采油速度和采收率的一种有效措施。

1. 注水增压泵

(1)增压泵的结构。目前注水增压泵是采油注水工程的主要设备(图4-1)。采油现场使用的各类增压泵大部分是卧式、三柱塞、单作用液力平衡式高压往复泵。由电器部分、动力端、液力端、传动部分组成。动力端的机座为箱形结构,机座曲轴端下部设计成油池,动力部分各摩擦副靠曲轴、连杆运动时飞溅和刮下来的润滑油润滑。而液力端的泵体为长方形整体式,由进液阀、排液阀、柱塞、主函体、副函体组成。

(2)增压泵的工作原理。电动机通过传动部分带动曲轴转动、曲轴带动连杆、柱塞做往复运动。当曲轴带动柱塞向后运动时,进液阀打开、排液阀关闭、高压水被吸入;当曲轴带动柱塞向前运动时,排液阀打开、进液阀关闭、水被排出。与此同时,高压水通过压力平衡管进入排出平衡腔起到平衡作用。在增压泵工作时,如果进出口压力完全符合设计要求,增压泵在理想的平衡状态下工作。如果因各种原因泵的进、出口压力不能完全符合设计要求,使用人员必须调整进、出口压力使其达到90%以上平衡要求,以保证增压泵的正常运转。

2. 注水井井口

注入水经单流阀注入油管后,不会因井底压力升高或其他情况产生反流,造成事故;注水压力应控制在一定范围内,以免管线破裂与地层压裂。一般油田注水水井多用 CYB-250 型采油树,其强度试压为 50MPa,水压密封试压为 25MPa,工作压力为 25MPa(图 4-2)。

图 4-1　江汉油田××井增压注水泵室内照片(袁彩萍,2003)

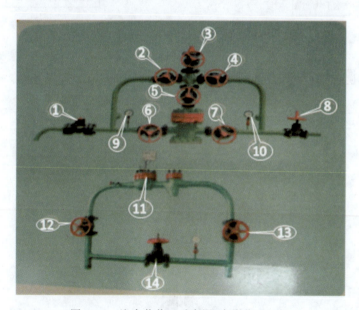

图 4-2　注水井井口示意图(袁彩萍,2003)

1.单流阀;2.来水阀;3.测试阀;4.油管放空阀;5.总阀;6.油套连通阀;7.套管阀门;
8.放空阀;9.油压表;10.套压表;11.水表;12.上流阀门;13.下流阀门;14.连通

(1)注水井口主要部件的作用:①测试阀(测试闸门)是井口最上端的闸门,便于测压、试井等作业;②小四通是安装在总阀(总闸门)之上,其主要作用连接左、右生产阀门(来水阀和油管放空阀)、测试阀和总阀 4 个部件,保证录取油压、套压、取样等工作;③生产闸门安装在油管四通和三通的侧面,它的作用是进行正注和反洗流程切换;④总阀安装在油管头的上面,是控制切断井筒油管与地面流程的主要通道,因此,正常注水时,它都是开着的,只有在需要长期关井或其他特殊情况下才关闭;⑤大四通安装在总阀之下套管短节之上,其主要作用是封闭油套环形空间,连接套管闸门,保证洗井、观察套管压力及套管环形空间的各种作业;⑥油管头是装在套管头上面的一个设备,其作用是悬挂下入井中的油管、井下工具,密封油套管环形空间。

(2)注水井井口应满足以下要求:①注水井井口应满足正注、反注、混注、正洗、反洗、计量油压和套压取得水样的要求;②注水井口能满足试井(如井下压力、温度、水量的测试,井下取样,探砂面高度和人工井底)的要求;③能满足酸化、压裂、调剖、堵水、测吸水能力,有效控制吸水剖面的要求。

(3)注水井的特点:根据要求,注水井应具备强度高、寿命长、工作压力大于油层的破裂压力、重量轻、体积小、流程简单及尽量减少死水管段等特点。

(4)注水井注水方式:①正注是注入水从配水间输送到注水干线,经井口单流阀、来水阀、生产阀、总阀由油管注入井底油层(图4-3);②反注是指注入水经套管阀门由套管直接注入地层(图4-4);③合注是指注入水由油管和套管同时注入地层(图4-5)。

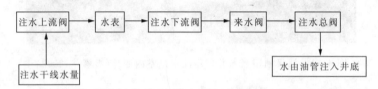

图4-3 注水井正注流程框图

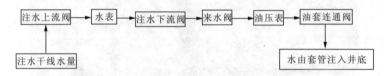

图4-4 注水井反注流程框图

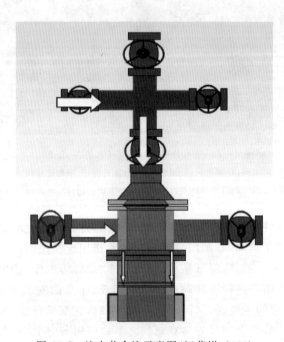

图4-5 注水井合注示意图(江荣增,2014)

(5)注水井洗井:注水井洗井是为了把管线内、井筒内的铁锈、杂质等脏物冲洗出来,保持井筒内、管线内清洁,防止脏物堵塞水嘴、污染油层。通常情况下有2种洗井方式:正洗和反洗。正洗是从油管将水注入井底,从油套环形空间返回地面(图4-6)。反洗则是从油套管环形空间注入井底,井底的脏水从油管返回地面(图4-7)。

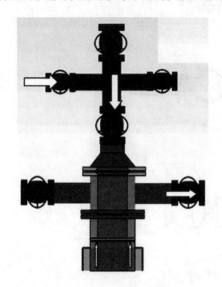 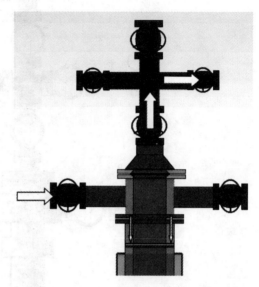

图4-6 注水井正洗井示意图(江荣增,2014)　　图4-7 注水井反洗井示意图(江荣增,2014)

洗井时要随时监测进入和返回的水质和水量,要求油层达到微吐,严防漏失。在油层压力低于静水柱压力时,可采用注混气或泡沫负压洗井,将井壁及近井地带的堵塞物清洗掉,然后升压至近平衡,替出井内不清洁的水,再升压采用注热水或活性水正压洗井,将井筒内和近井地带清洗干净,做到进出口水质一致时为止。

3. 注水井的井身结构

通常是指在完钻井基础上,在井筒套管内下入油管,配水管柱,再配以井口装置。其生产原理是一定压力的地层动力水通过井口装置,从油管(正注)进入到井下配水器对油层进行注水(图4-8)。

二、采油树

1. 采油树的作用

采油树是井口管柱和仪表组合的总称(图4-9)。采油树是一种用于控制生产,并为钢丝、电缆、连续油管等修井作业提供条件的装置。其作用主要是:①悬

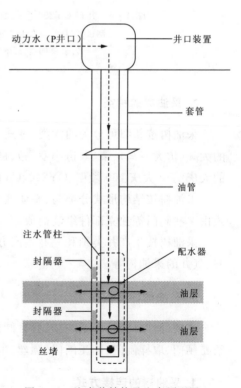

图4-8 注水井结构及生产原理图

挂油管,承托井内全部油管柱重量;②密封油管、套管之间的环形空间;③控制和调节油井生产;④录取油、套压力资料;⑤测试和清蜡等日常管理;⑥保证其他各种井下作业施工的顺利进行。

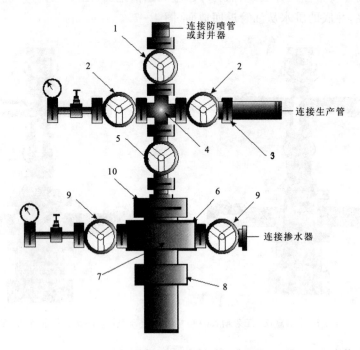

图 4-9 井口 CY250 型采油树组成示意图(据《采油工》上册,2004,有修改)
1.测试闸门;2.左右生产闸门;3.卡箍;4.油管四通;5.总闸门;6.上法兰;
7.套管四通;8.下法兰;9.左右套管闸门;10.油管柱顶丝

2. 采油树的种类

采油树按新旧可分为两大类:老式采油树和新型采油树。老式采油树指20世纪60年代的大隆(仿大罗马)、荣丰(仿小罗马)、良工(仿苏)等采油树;新型采油树指我国自己设计制造的大庆150、大庆160微型、CY250、CYB360、胜251、胜Ⅱ型等采油树。

采油树按结构形式分类为:整体式和分体式。整体式由各种阀门作为一个整体部件;分体式由一些阀门等独立部件组装而成。

采油树按生产井类别和完井生产方式分类为:自喷井、电潜泵井、气举井、螺杆泵井和注水井、气井的采油树等。

3. 采油树的结构

主要部件有套管四通、左右套管闸门、油管四通、生产闸门、总闸门、套压表、油压表、油嘴、清蜡闸门、取样闸门、回压闸门、顶丝、卡箍或钢圈、卡箍短节、油管挂及其他附件等。

4. 采油树的连接方式

(1)卡箍连接,采油树各组件之间均以卡箍连接,如大庆150Ⅱ、胜254、CY-3-250等。

(2)螺纹连接,采油树各组件之间均以螺纹连接,如大庆150、胜251等。
(3)铁箍连接,如胜Ⅰ型、胜Ⅱ型等。
(4)法兰连接,如上海大隆、荣丰、良工等。
(5)卡箍法兰连接,如CY250等。

三、抽油机

采油一般分有杆泵采油和无杆泵采油。有杆泵采油包括游梁式抽油机井有杆采油和地面驱动螺杆泵采油。它们都是用抽油杆将地面动力传递给井下泵。前者是抽油机悬点的往复运动通过抽油杆将在面动力传递经井下柱塞泵,后者是将井口驱动头的旋转运动通过抽油杆传递给井下螺杆泵。

抽油机是抽油井地面的机械传动装置,是油田机械采油的主要地面设备,是把动力机的旋转运动变成抽油杆上、下往复运动的装置,它和抽油杆、抽油泵配合使用将井中原油抽到地面。图4-10为常见常规型游梁式曲柄平衡抽油机。

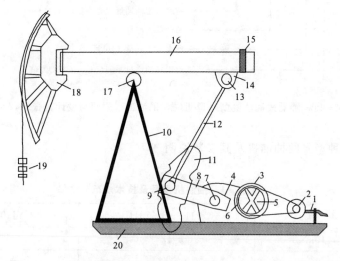

图4-10 游梁式抽油机结构示意图(据《采油工》上册,2004,有修改)
1.刹车装置;2.电动机;3.减速箱皮带轮;4.减速箱;5.输入轴;6.中间轴;7.输出轴;
8.曲柄;9.连杆轴;10.支架;11.曲柄平衡块;12.连杆;13.横梁轴;14.横梁;
15.游梁平衡块;16.游梁;17.支架轴;18.驴头;19.悬绳器;20.底座

1. 抽油机的组成

抽油机主要由四大部分组成:①游梁部分包括驴头、游梁、横梁、尾梁、连杆、平衡块(复合平衡抽油机);②支架部分包括中央轴承座、工作梯、护圈、操作台、支架;③减速器部分包括底船、减速器筒座、减速器、曲柄、配重块、刹车等;④配电部分包括电机座、电机和配电箱等。

2. 抽油机保养

抽油机保养是一项非常重要的工作。保养作业制度应根据不同地区的储层和流体性质建立相应的定期保养制度。保养工作主要应做到4个方面：①清洁，指清洁卫生；②紧固，指紧固各部件间的连接螺丝；③润滑，对各加油点（部位）定期添加润滑油脂；④调整，即对整机的水平、对中、平衡、控制系统等为主的调整。

在生产实际中，抽油机的维修保养可分为3个级别：例保、一级保养和二级保养。

3. 抽油机型号

我国已制订了游梁式抽油机系列标准，其型号表示方法如图4-11。

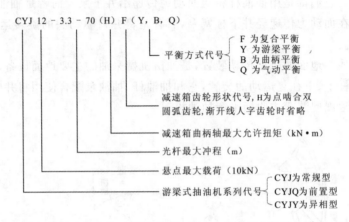

图4-11　游梁式抽油机型号说明（据《采油工程原理与设计》，张琪，2006）

表4-1是两种型号的抽油机及其参数说明。

表4-1　抽油机型号及技术规范[①]

型号	CYJ12-5-73HB	CYJ10-3-53HB
悬点最大负荷(10kN)	12	10
冲程(m)	5.0、4.2、3.6	3、2.5、2.1
冲次(次/min)	4、6	9、6
减速器传动比	44	31.37
最大输出扭矩(kN·m)	73	53
电动机功率(kW)	45	37
电动机转速(rpm)	980	980
外形尺寸(长×宽×高)(m³)	12×2.865×10	8.8×2.4×7
整机重量(t)	25.1	20.4

① http://china.cippe.net/pd/4281.htm

4. 抽油井结构

掌握油水井结构是采油工日常管理油水井的基础。通过井身结构图可以直接了解油水井的井深管柱结构及油层情况,为油水井动态分析提供技术依据。井身结构通常是指钻井深度和相应井段的钻头深度、下入的套管层数、直径和深度、各套管外的水泥返高和人工井底等。图4-12是抽油井结构及部件示意图。具体操作过程如下:用油管6把深井泵的泵筒2下到井内液面以下,在泵筒下部装有只能向上打开的回定凡尔1。用直径16~25mm的抽油杆5把柱塞3从油管内下入泵筒。柱塞上装有只能向上打开的游动凡尔4。最上面与抽油杆相连接的杆称为光杆,它穿过三通8和盘根盒9悬挂在驴头上。

5. 抽油泵

(1)抽油泵的类型。抽油泵是抽油的井下设备。它所抽汲的液体中含有砂、蜡、气、水及腐蚀性物质,又在数百米到上千米的井下工作。有些泵内压力会高达20MPa以上,所以,它的工作环境复杂,条件恶劣。抽油泵主要由工作筒(外筒和衬套)、柱塞及游动阀(排出凡尔)和固定阀(吸入凡尔)组成。按照抽油泵在油管中的固定方式,抽油泵可分为管式泵和杆式泵。油田一般用杆式泵(图4-13),其特点是将整个泵在地面组装好并接在抽油杆柱的下端,整体通过油管下入井内,然后由预先装在油管预定深度(下泵深度)上的卡簧固定在油管上,检泵时不需要起油管。所以它检泵方便,但结构复杂,制造成本高。它适用于下泵深度大、产量较小的油井。

(2)抽油泵的工作原理。深井泵主要由工作筒及固定凡尔(吸入凡尔)和游动凡尔(排出凡尔)组成的空心活塞组成,最上端的抽油杆穿过三通和盘根盒悬挂在驴头上。工作筒接在油管的下端,沉没在动液面以下,固定凡尔装在工作筒的下端,活塞由抽油杆带动,在工作筒内上下运动。泵的抽汲过程分为上冲程和下冲程(图4-14)。活塞上下抽汲一次为一个冲程,在一个冲程内完成进油与排油的过程。

上冲程:抽油杆柱带动柱塞向上运动,游动凡尔(排出凡尔)受管内液柱压力而关闭,此时,泵内(柱塞下面的)压力降低,固定凡尔(吸入凡尔)在环形空间液柱压力(沉没压力)与泵内压力之差的作用下被打开,如果油

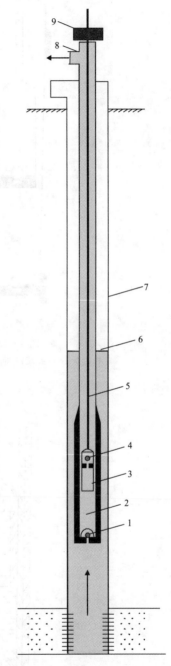

图4-12 抽油井结构及部件示意图
1.固定凡尔(吸入凡尔);2.泵筒;3.柱塞;
4.游动凡尔(排出凡尔);5.抽油杆;6.油管;
7.套管;8.三通;9.盘根盒

管内已充满液体,在井口将排出相当于柱塞冲程长度的一段液体。所以,上冲程是泵内吸入液体,井口排出液体的过程。造成泵吸入的条件是泵内压力(吸入压力)低于沉没压力。

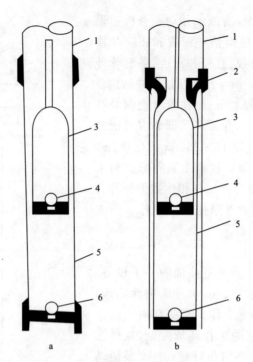

图 4-13　抽油泵示意图(据张琪,2006)
a.管式泵;b.杆式泵;1.油管;2.锁紧卡;3.柱塞;4.游动阀;5.工作筒;6.固定阀

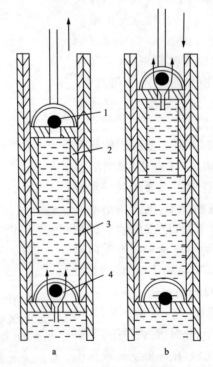

图 4-14　抽油泵的工作原理(据张琪,2006)
a.上冲程;b.下冲程;1-游动凡尔(排出凡尔);2-柱塞;3-衬套;4-固定凡尔(吸入凡尔)

下冲程:抽油杆柱带着柱塞向下运动,固定凡尔(吸入凡尔)一开始就关闭,泵内压力增高到大于柱塞以上液柱压力时,游动凡尔(排出凡尔)被顶开。泵向油管内排液体。由于有相当于冲程长度的一段光杆从井外进入油管,所以将排挤出相当于这段光杆体积的液体。所以下冲程是泵向油管内排液的过程。造成泵排除液体的条件是泵内压力(排出压力)高于活塞以上的液柱压力。

沉没压力:泵的吸入口沉没在液面以下一定深度,该处的压力称为沉没压力。

吸入压力:上冲程中,在沉没压力作用下,井内液体克服泵的入口设备的阻力进入泵内,此时液流具有的压力称吸入压力。

(3)泵效。抽油泵采油是机械采油的重要方法。保持抽油泵正常工作和高的抽油效率是提高抽油机工作效率的重要因素。减少事故是保持抽油泵正常工作的关键,而抽油效率主要受作业制度影响。抽油效率即抽油泵的实际排量与理论排量的体积比例:

$$\eta = \frac{Q_{实}}{Q_{理}} \times 100\%$$

深井泵在理想的情况下,活塞一个冲程中可以排出的液量叫理论排量,在数值上等于活塞上移一个冲程时所让出的体积。其每日排量的计算公式为:

$$Q_{理} = K \cdot S \cdot N = \frac{\pi}{4} D^2 SN \times 1440$$

式中:$Q_{理}$ 为理论排量,m^3/d;K 为载荷,N;N 为冲次,次/min;S 为冲程,m;D 为抽油泵直径,m。

(4)影响泵效的因素主要有:①油管接头不严,使原油沿接箍处损失;②泵的活塞与工作筒缸套间密合度不好引起漏失;③活塞或凡尔磨损,使泵的内部漏失,减低了泵的充满系数;④高黏度稠油影响工作负荷和泵效;⑤泵内砂卡;⑥泵内结盐或盐卡;⑦井内有腐蚀性盐水或含硫气体侵蚀坏泵的零件,造成损坏漏失;⑧泵内结蜡或蜡卡;⑨由于钢质部件发生磁性作用,泵的排油工作停止;⑩由于天然气进入泵内,形成气垫,降低抽油效率;⑪抽油杆折断;⑫泵的排量和工作参数(冲程、冲次、泵径、泵深)与液面不相适应,使泵有空抽现象。泵的工作状况可以通过对示功图的分析得出。

6. 其他人工举升方式

(1)潜油电泵采油。潜油电泵的全称为电动潜油离心泵(简称电泵),它以排量大、自动化程度高等显著的优点被广泛应用于原油生产中,是目前重要的机械采油方法之一。

(2)水力活塞泵采油。水力活塞泵是一种液压传动的无杆抽油设备,它是由地面动力泵通过油管将动力液送到井下驱动油缸和换向阀,从而带动抽油泵的抽油工作。实践表明,水力活塞泵能有效地应用于稠油井和高含蜡井、深井和定向井,并且效率较高。

(3)射流泵采油。射流泵属于水力泵,它从20世纪50年代起开始用于原油开采,70年代后在国外得到普遍应用。近年来,我国一些油田也逐渐应用射流泵举升原油。系统组成及泵的工作原理为:射流泵是一种特殊的水力泵,它没有运动件,是靠动力液与地层流体之间的动量转换实现抽油的。

射流泵井的系统组成也分为地面部分、中间部分和井下部分。其中,地面部分和中间部分与水力活塞泵相同,所不同的是水力射流泵只能安装成开式动力液循环系统。井下部分是射流泵,它是由喷嘴、喉管和扩散管3部分组成。

(4)螺杆泵采油。自1930年发明螺杆泵以来,螺杆泵技术工艺不断改进和完善,特别是合成橡胶技术和黏接技术的发展,使螺杆泵在石油开采中已得到了广泛的应用。目前,在采用聚合物驱油的油田中,螺杆泵已成为常用的人工举升方法。

四、地面示功图分析

抽油泵工作状况的好坏直接影响抽油机的系统效率,因此,需要经常进行分析,以采取相应的措施。

分析抽油泵工作状况常用地面实测示功图,即悬点载荷同悬点位移之间的关系曲线图,它实际上直接反映的是光杆的工作情况,因此又称为光杆示功图或地面示功图。

理论示功图(图4-15左)认为:抽油泵是在没有气体等外界条件影响、惯性负荷可以忽略、泵能完全充满而沉没度不大的条件下工作,此时以横坐标S代表光杆的冲程,以纵坐标P代表光杆负荷,构成的理论示功图呈一平行四边形,如图中$ABCD$所示。

(1)光杆开始向上移动时,由于抽油杆的弹性伸长及油管减载后的弹性缩短,光杆虽向上移动,但下面的活塞并未移动。这样的过程在图上表现为AB斜线。

(2)当活塞开始向上移动时,如图中B点,液柱重量$P_液$及抽油杆重量$P_杆$完全作用于光杆上,直到活塞移动到最高点C。在此过程中形成BC线,光杆负荷为一常数。

(3)光杆开始向下移动的初期,由于抽油杆减载,逐渐收缩恢复到原长度,而油管增载,产生伸长。此过程表现为CD斜线。

(4)活塞开始向下移动时,如图中D点,固定凡尔关闭,游动凡尔打开,光杆负荷等于抽油杆重量,直到活塞移动到最低位置A点。

绘制理论示功图的目的是与实测示功图比较,找出负荷变化差异,判断深井泵及地层的工作情况。

示功图是用示功仪测得的(图4-15右)。实测正常示功图和理论示功图相似,但并不完全符合。因为光杆承受着动载荷,特别是惯性力引起的振动,使图形并不呈直线移动。此外,摩擦力、液面深度、液体和气体的密度与黏度的变化,都会影响到示功图的形状。

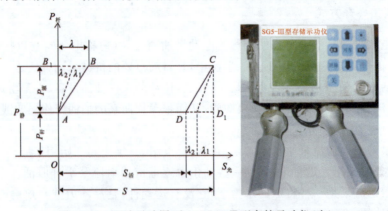

图4-15 理论示功图(左);SG5-Ⅲ型存储示功仪(右)

$S_光$.光杆冲程,m;$P_光$.光杆负荷;$S_活$.活塞行程,m;$P_杆$.抽油杆在液体中的质量,kg;$P_液$.活塞以上液体质量,kg;$P_静$=$P_杆$+$P_液$.光杆承受的最大负荷,kg;λ_1.抽油杆伸缩长度,m;λ_2.油管杆伸缩长度,m;$\lambda=\lambda_1+\lambda_2$

影响泵工作的因素非常复杂(图4-16),分析现场示功图一定要综合考虑各种因素,通过对比不同时期的示功图来得出正确结论。同时,也要注意不断补充,增加新的内容。

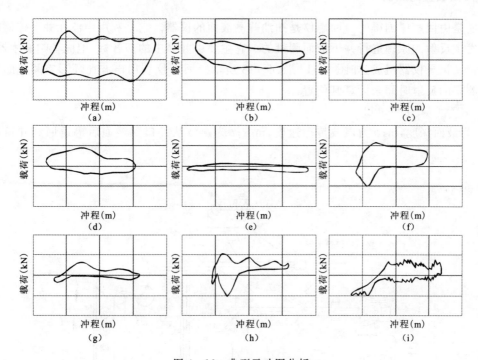

图4-16 典型示功图分析
a.泵工作正常时;b.固定凡尔漏失;c.游动凡尔漏失;d.双凡尔漏失;e.抽油杆断脱;
f.油井结蜡;g.深井泵气体影响;h.油井供液不足;i.油井出砂

五、抽油井液面的测试与分析

1. 定义

动液面:抽油井在生产过程中,油管和套管环形空间内液面到井口的距离。

静液面:抽油井关井一段时间后,油套管环形空间的液面逐渐上升,等到液面稳定下来后,所测得的液面深度叫静液面。

沉没度＝泵挂深度—动液面深度

沉没度要根据油井的产量和动液面来确定。当石油进入到深井泵之前,要克服过滤器,气锚、砂锚和凡尔(阀)的窄孔的阻力,这就要求深井泵要下入到动液面以下一定的深度,造成一个压头。

压头:是指动液面与深井泵下入位置的差值的重力。

2. 动液面的作用

利用动液面,可以分析深井泵的工作状态和油层供液能力。对于注水开发的油田,根据油井液面变化,能够判断油井是否见到注水效果,为调整注水层段的注水量以及抽油井的抽汲参数提供依据。

3. 液面位置的测量

液面是由回声仪测得的。回声仪是抽油井测液面的仪器。它是利用声波在井下传播时遇到界面发生反射的原理进行井下液面测量的。它主要由井筒中的回音标、地面音响发生器、热感收音器及记录仪器组成,如图 4–17、图 4–18 所示。回声仪利用声波在环形空间中的传播速度和测得的反射时间来计算其位置:

$$L = vt/2$$

式中:L 为液面深度,m;v 为声波传播速度,m/s;t 为声波从井口到液面后再返回到井口所需时间,s。

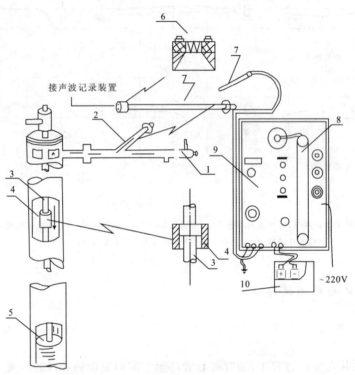

图 4–17　回声仪测试连接示意图(据《油藏测试理论及方法》,1989)
1.声源发生器;2.声波接收部分;3.油管;4.回音标;5.液面;
6.W 状钨丝热感器;7.钨丝管;8.记录纸带;9.放大器;10.蓄电池

回声仪通过采集经过井管接头反射的节箍波信号和经过油层表面反射的液面波信号,动液面位置和基准节箍波(图 4–19),然后利用以下公式计算其深度:

$$H_l = \frac{液面位置 - 井口位置}{参考接箍波终点 - 参考接箍波起点} \cdot L \cdot N = \frac{B-A}{D-C} \cdot L \cdot N$$

式中:H_l 为液面深度,m;L 为单节油管长度,m;N 为两参考接箍间接箍波个数;A、B、C、D 为纸带记录位置。

根据液面高度测试结果,结合示功图等其他资料,可分析泵的工作状态;还可根据井内液柱的高低和密度来推算油层中部的流动压力。

图 4-18　油田师傅用回声仪测液面照片(袁彩萍,2003)

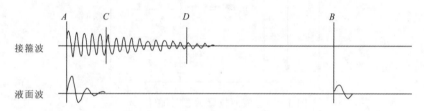

图 4-19　回声仪测量结果解释示意图(据潘琢金,2001)

4. 传统的动液面深度测试仪结构

基于模拟电路的结构(图 4-20)主要由微音器、放大器、滤波器和打印设备组成。微音器捡拾由炮枪发出并经过井管接头和油层表面反射后返回到井口的低频声波信号,该信号经放大器放大后进入两个窄带滤波器:带通滤波器 BPF 和低通滤波器 LPF。带通滤波器的输出即为节箍波信号,低通滤波器的输出为液面波信号。数据采集由驱动电路控制绘图笔在纸带上绘制节箍波和液面波曲线来完成。

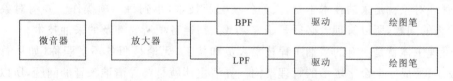

图 4-20　基于模拟电路的动液面深度测试仪原理框图(据潘琢金,2001)

5. 液面深度与压力的换算

根据动液面和静液面的深度(图 4-21),可以换算出流动压力和静止压力。

流动压力计算公式为：
$$P_f = (H - L_f) \times \nabla P$$
式中：P_f 为油层中部的流动压力，MPa；H 为油层中部深度，m；L_f 为动液面深度，m；∇P 为压力梯度，MPa/m。

静止压力计算公式为：
$$P_s = (H - L_s) \times \nabla P$$
式中：P_s 为油层中部静止压力，MPa；L_s 为静液面深度，m。

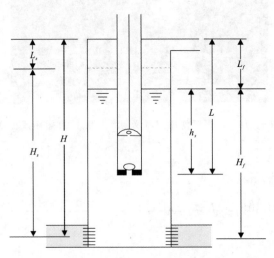

图 4-21 液面位置示意图（单位：m）
H_s.静液面高度；H_f.动液面高度；h_s.沉没度；L.油管深度

第二节 采油管理及动态分析

采油工程技术是多学科交叉集成的一项综合工程技术，这就使采油技术管理表现出多样性和复杂性的特点，那么，无论是技术素质上还是管理素质上都对采油技术人员提出了更高的要求。采油技术管理的主要内容可以分成3个方面。

(1)管理对象就是采油技术本身，大到各项配套技术，小到每一项操作。弄清对象就是要弄清管什么的问题，所以管理者必须要研究、了解、精通各项所要涉及的采油技术。

(2)管理主体就是所有的采油工程技术人员和技工，无论是职务还是职称(如从总工程师到普通技工)形成一个金字塔形的管理架构。弄清主体就是要弄清谁来管的问题，所以管理者必须要知道自己在这个管理架构中的位置以及所要管理的其他主体，这样就更清楚自己所要涉及的各种采油技术。

(3)管理手段就是针对管理者所涉及的采油技术，制定和执行各项管理制度。弄清管理手段就是要弄清怎么管的问题，所以管理者必须要研究、了解、精通各项相关采油技术管理的制度、规范和标准。

每一个人、每一个班组、每一个队、每一层、每一砂体、每一口井、每一座站、每一个区块、每一个油田的特点均有其普遍性和特殊性，这就要求相应的管理必须有统一的原则和不同的方法，使管理更具针对性和有效性。在平时研究管理方法时要针对特殊性、发现普遍性、总结有效性。

"地宫"是采油小队的一个重要单位，主要负责采油小队内油井、水井的管理，包括油水输送管线位置、分布，油水井动态检测、开发数据整理、绘图等。

一、数据采集

主要负责井场油水数据监测、压力测试、数据绘图、开发动态分析。开发动态分析包括3方面的内容。

(1)生产动态分析。弄清油井的开井关井数，工作制度和压力、产量、含水的变化，注水井分层注水合格率，井下分层管柱良好情况及分层吸水量的变化，分析原因，做好日常注采管理，为油层动态分析提供大量第一手资料。

(2)油井井筒内升举条件分析。弄清井筒内脱气点的变化、阻力的变化及压力消耗情况的变化。

(3)油层动态分析。弄清各类油层中油水分布及运动状况，压力分布及升降状况，渗流阻力变化状况，吸水、采油及储量动用状况，生产能力变化状况，油层结构和流体性质变化状况，等等。

二、图表曲线

(1)三图二表一小结是井组进行油水井动态分析的基本资料之一。三图指地面流程图、油水井栅状连通图和综合开采曲线图(图4-22)；二表指综合数据表、分层测试成果表；一小结指综合三图二表，进行油水井月动态分析。

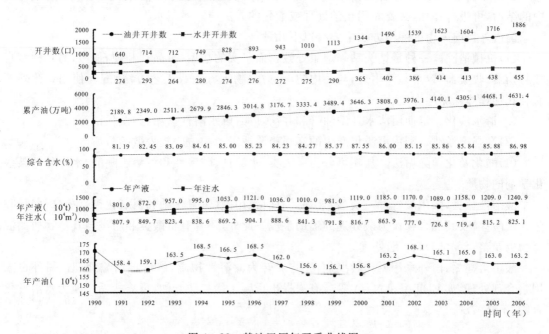

图4-22　某油田历年开采曲线图

(2)四图三曲线是采油队进行动态分析的基本资料之一。四图指地面流程图、油层栅状连通图、主要油砂体图和水线推进图;三曲线是单井采油曲线、注水曲线,分区、分油层组或全队综合开采曲线。

在现场油水井分析活动中常用的图表很多,常用的图表有井位图、油水井连通图、注采井组生产数据表、单井生产数据表、注水井生产数据表、井组注采曲线、单井采油曲线、水井注水曲线。根据不同注采井组分析的需要,有的还绘制井组综合开发数据表、井组基本数据表、措施前后效果对比表、水淹图等。

第三节 修井作业

修井作业是当井的产量下降,生产作业困难,生产故障和其他阻碍油气生产的情况出现时采取的一种常见的作业措施。主要包括以下5种情况修井。

一、解除储集层损害的修井

当井的产量在一定程度上有所降低时,应考虑进行修井,在所有的修井中应考虑对油管、井筒、射孔孔眼、储集层孔隙和储集层的裂缝系统中的堵塞进行旁通或清除。通常的方法是用钢丝绳或油管探井底,以检测套管或裸眼井段中的充填物。常用解除储集层伤害的方法有清理、补孔、化学处理、酸化、压裂或这些方法联合使用。

1. 结垢的清除

在水垢伤害的井中,油管结垢可用酸化、化学或扩眼的方法予以清除。对于套管射孔孔眼中的结垢,可进行补孔,必要时用化学处理或酸化的方法清除残留水垢。

国内外目前采用的除垢方法主要有以下几种:

(1)机械清除。一种是钻头钻碎炮眼处致密而坚实的盐垢(重晶石和硬石膏);另一种是直接将"石膏收集器"置于井筒附近,与井内防垢方法(物理方法或工艺方法)配合使用。此外还有补孔和爆炸除垢等方法。

(2)清水淡化。定期用清水冲洗油管和井筒,以溶解水溶性盐垢(如氯化钠等)。

(3)高强声激波。利用声激仪产生的高强声激波震掉和击碎较松散的盐垢。

(4)酸化及化学除垢法。盐垢可分为3大类:水溶性、酸溶性和可溶于除酸、水以外的某些化学剂的物质。

酸溶性盐垢,采用酸(盐酸、硫酸)处理。有时也用碱(氢氧化钠和氢氧化钾)、盐(碳酸盐和酸式碳酸盐)及其混合物作为酸处理的辅助手段。此外,还有有机酸类和脂类与其他物质的混合物以及螯合剂(EDTA)酸处理。

酸不溶盐垢,国外采用垢壳转换剂,先将垢转为酸溶性物质,然后再用酸处理。另外也采用螯合剂处理,如EDTA和NTA等。有人提出用顺丁烯二酸二钠,可将盐垢转换为水溶性化合物,不必酸洗。

2. 清蜡手段

清除手段主要有机械加热、试剂处理等。井筒和油管内的积蜡可用机械方法刮除,用热油或热水循环冲洗以及用溶剂溶解等。储集层中结蜡或沥青堵塞的解除方法一般是用溶剂清除。在较低的排量和低压下将溶剂挤入储集层,然后浸泡一夜后返排。也可采用井底加热注蒸汽、热水及热油的方法来清除井筒附近储集层中的积蜡。但要注意迅速返排出已被溶解的石蜡或沥青,否则溶解出的石蜡或沥青可能随着温度的下降而再次沉淀出来,重新堵塞储集层。此外,一次处理过量可能将井底附近含有大量溶解蜡的热溶液推入较冷的地层深部,蜡重新沉淀出来,造成严重的储集层损害,因为在储集层原油中,溶解蜡量一般处于饱和状态,没有溶解更多蜡量的能力,有效的办法是采取多次重复处理,逐渐加大处理规模,解除储集层中较深部的积蜡。

3. 乳化液或水的堵塞

使用表面活性剂可减轻由乳化液或水的堵塞造成的储集层损害。在大多数情况下,水堵可在几星期或几个月内自行消除。

在砂岩储集层中,利用土酸和表面活性剂进行处理,可较好地消除由乳化液造成的储集层损害;对碳酸盐储集层的原生渗透率损害,通常的办法是用酸液旁通,酸压期间形成的乳化液可向裂缝中注入表面活性剂使其破乳。

二、低渗透性储集层井的修井

对于任一低渗透性储集层的油井,通常要求一个有效的人工举油系统。对某些井可延缓甚至不需要修井。水力压裂能形成线性流动,并改善较深部位储集层的渗透性。因而是低渗透性储集层增加产量的最有效的方法。低渗透砂岩储集层可采用水力压裂方法,碳酸盐储集层可采用酸压或水力压裂措施。

三、压力部分枯竭油层的修井

在考虑压力部分枯竭油层修井之前,应规划利用有效的人工举升系统。保持压力或采油新方法对于从压力部分枯竭油层增加产量和采收率通常是最好的方法。

四、堵水修井

引起油、气井大量出水的原因主要有:①套管泄漏;②误射水层;③管外窜槽;④底水锥进或边水指进;⑤人工裂缝延伸入水层(压裂窜通水层);⑥人工裂缝延伸到注水井附近(压裂窜通水井)。常用的修井方法有堵水调剖、降低产量和人工隔板等。

五、防砂修井

防砂方法主要有机械防砂、化学防砂和复合防砂3大类,具体有割缝衬管(筛管)、砾石充填、人工井壁、化学固砂、压裂防砂、射孔防砂。其中,砾石充填是常用的方法。

第四节 增产措施

增产措施主要包括堵水、调剖、酸化、压裂、防堵等。通过实习,了解不同作业措施的内容、实施过程、评价方法等。

一、酸 化

酸化按储集层类型分为碳酸盐储集层酸化和砂岩储集层酸化;按施工规模分为基质酸化或常规酸化和压裂酸化(其中使用高黏前置液压裂储集层,随后泵入酸液的酸化称为前置液酸压;直接用酸液进行压裂的酸化称为普通酸压或一般酸压)。

碳酸盐储集层酸化主要使用 HCl,其他使用的大多数酸液,诸如乳化酸、泡沫酸、胶化酸、浓缩酸等,其主体酸都为 HCl。有时为了满足特殊储集层酸化需要,也可采用有机酸以及磷酸等弱酸。碳酸盐储集层酸化可采用基质酸化和压裂酸化方式。

砂岩储集层酸化主要使用土酸,即 HF 和 HCl 的混合液。其他使用的多数酸液,如氟硼酸、浓缩土酸、胶束土酸、互溶土酸、地下生成酸等,其主体部分都是 HF、HCl,都是利用 HCl 溶解砂岩储集层中其钙质成分,利用 HF 溶解砂岩中其他胶结物或基质。

砂岩储集层酸化不进行压裂酸化,只进行基质酸化。由于储集层岩石成分、结构及储集层中流体的不同,导致酸化技术的复杂性,使得有的酸化作业不但不能解除原有储集层堵塞,相反带来对储集层进一步的伤害。因此,酸化作业中如何采取积极有效的措施保护储集层,使酸化作业充分发挥其效益成了酸化中的首要问题。表 4-2 为砂岩酸化施工的典型步骤。

表 4-2 砂岩酸化施工的典型步骤

3个过程	序号	步骤	步骤原因	信息来源
前置液	1	原油顶替	防止油与酸形成酸渣污染地层	酸—原油酸渣污染试验
	2	地层水顶替	预防结垢沉淀	地层水分析得到 HCO_3^- 和 SO_4^{2-} 含量
	3	醋酸	地层中的铁化合物(黄铁矿、菱铁矿)、黏土、绿泥石、沸石	X射线衍射分析(XRD)
处理液(土酸)	4	盐酸	$CaCO_3$ 和别的盐酸溶解物	盐酸溶解率试验和X射线衍射分析
	5	HF(不用于盐酸溶解能力>20%的储层)	除去黏土、其他微粒和泥质伤害	HF、HCl 溶解率试验,SEM 和 XRD
后置液	6	后冲洗液	消耗酸,将残酸顶替到远离井眼	经常采用
	7	暂堵剂	改善整段的注入剖面	需要用在渗透率差异大的地层中
1h内应尽快用自喷、抽吸或泵抽、气举等方式反排				

二、水力压裂

水力压裂就是利用地面高压泵组,将高黏液体以大大超过地层吸收能力的排量注入井中,在井底憋起高压,当此压力大于井壁附近的地应力和岩石抗张强度时,便在井底附近地层产生裂缝,然后继续注入带有支撑剂的携砂液,裂缝向前延伸并填以支撑剂,关井后裂缝闭合在支撑剂上,从而在井底附近地层内形成具有一定几何尺寸和高导流能力的填砂裂缝,使井达到增产、增注的目的。图4-23为压裂现场。

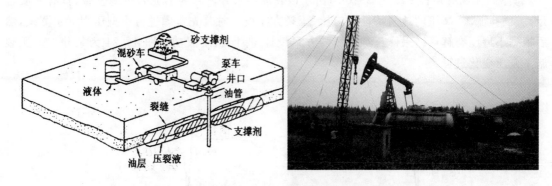

图4-23 压裂施工现场的布局(左)与压裂现场施工图(右)

水力压裂技术系统可分为设计、实施、评估3个基本环节,主要包括压前地层评估、压裂材料优化选择、压裂设计优化、压裂实施及水力裂缝诊断与压后评估。

1. 压裂液

(1)作用:压裂液的基本作用为压开裂缝并使之延伸、降低地层温度、输送并铺置支撑剂、压裂后液体能最大限度地破胶与返排、减少对裂缝及油层的伤害。

(2)分类:前置液(压开油层、降温)、携砂液(携带砂子)、顶替液(将井筒中的砂浆顶入地层)。

(3)组成:稠化剂(胍胶、香豆胶、田菁胶等)、交联剂(有机硼、无机物、硼酸等)、破胶剂(过硫酸铵、微胶囊破胶剂等)。

目前国内外所用的压裂液配方为:改性胍胶+有机硼+微胶囊破胶剂。

其优点为:①延迟交联;②耐高温、耐剪切;③破胶性能好。

2. 支撑剂

(1)作用:在裂缝中铺置,排列后形成支撑裂缝,将近井地带的径向流变为线性流,从而在储集层中形成远远高于储集层渗透率的支撑裂缝带。

(2)评价手段:粒度、球度、圆度、抗破碎能力、支撑裂缝的导流能力(是指裂缝传导储集层流体的能力,可表示为支撑带的渗透率与裂缝宽度的乘积)。

3. 压裂工艺技术

主要有:①常规压裂;②限流压裂;③投球压裂,是在首先压开的层加砂完成后投入一定数目的塑料球进行封堵,迫使液体进入未压开层,从而达到改造油层的目的;④增能助排。

4. 压后评估技术

主要有:①井温测井;②同位素测井;③试井分析;④压力降解释;⑤油藏模拟技术;⑥压裂效果评价。

5. 实例分析

实例1 某井层段3287~3310m,由于该井油层录井解释为油泥岩裂缝发育,具有泥质含量高、低孔低渗、高压的地质特征,在进行压裂方案设计时首先考虑进行小型压裂标定测试,然后根据小型压裂解释结果修正加砂压裂方案设计,保证压裂成功。图4-24为某井加砂压裂施工泵压变化过程。

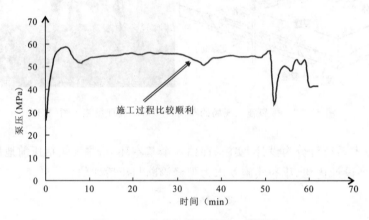

图4-24 某井加砂压裂施工曲线图

实例2 某井采用一辆700型水泥车进行了压前试挤。试挤泵压为30MPa时,排量为107L/min,泵压为32MPa时,排量为204L/min。通过实际数据可以看出该井的施工泵压较高,但孔眼是畅通的。在加砂压裂施工时,当排量为$3m^3/min$时,施工泵压最高为54MPa,施工过程为45MPa,施工过程比较顺利(图4-25)。

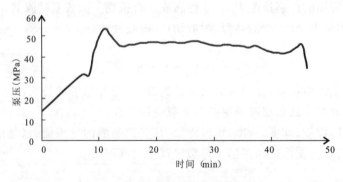

图4-25 某井压裂施工曲线图

6. 作业过程压裂压力实时监测

压裂压力是指压裂施工过程和停泵后井底或井口压力。压裂压力曲线是指压裂压力随时间的变化关系(图4-26)。对施工过程中压力曲线的监测和分析,可以及时发现施工过程中存在的问题,防止意外的发生(如球堵、管柱破裂等),确定裂缝的延伸方式和施工期间任意时刻裂缝的几何参数。通过对压裂压力的分析可以提高压裂施工的成功率和有效率。

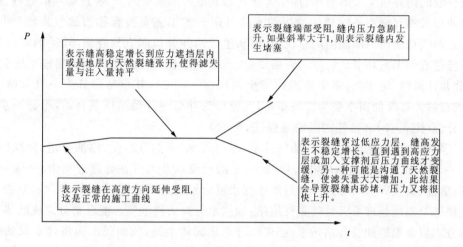

图4-26 典型压裂过程的压力监测解释

压后关井时间取决于泵入压裂液的破胶时间和闭合时间。压裂液返排一般是越快越好,因为压裂形成裂缝后的投产时间通常开始是线性流阶段,然后是拟径向流阶段,最后是径向流阶段。若返排速度慢,投产后将会错过线性流阶段,失去高产期。

第五章 油气集输

把分散的油井所生产的石油、伴生天然气和其他产品集中起来,经过必要的处理、初加工,合格的油和天然气分别外输到炼油厂和天然气用户的工艺全过程称为油气集输(图 5-1)。其定义为油气在油田内部流向的总说明,即从生产油井井口起直到外输、外运的矿场站库,油井产品经过若干工艺环节最后成为合格油、气产品全过程的总说明。原油集输系统包括采油井场、分井计量站、转油站、集中处理站 4 个站场(图 5-2),其布站形势为一级布站、二级布站、三级布站。江汉油田主要为二级布站,其流程为井口→计量站→联合站,可进一步的划分为油气分输(图 5-3)和油气的混输流程(图 5-4)。

油气集输主要包括油气分离、油气计量、原油脱水、天然气净化、原油稳定、轻烃回收等工艺(图 5-5)。油气计量包括单井产物油、气水的计量以及油气在处理过程中、外输至用户前的计算;集油、集气即为将分井计量后的油气水混合汇集送到处理站,或者将含水原油、天然气分别汇集送至原油处理及天然气集气厂站;油气水分离为将油气水混合物分离成液体和气体,将液体分离成含水原油及含油污水,必要时分离出固体杂质;原油脱水为将含水原油破乳、沉降、分离,使原油含水率符合要求(我国含水率要求为 0.5%~2.0%,国际上要求为 0.1%~0.3%,多数要求为 0.2%);原油稳定为将原油中的 C_1~C_4 等轻烃组分脱出,使原油饱和蒸汽压符合标准;原油储存为将合格原油储存于油罐中,维持原有生产与销售的平衡;天然气脱水即脱出天然气中的水分,保证其输送和冷却时的安全;轻烃回收即脱出天然气中部分 C_2~C_5,保证其输送和冷却时不析出液烃;液烃储存为将液化石油气、液化天然气分别装在压力罐中,维持其生产与销售的平衡。

在油气集输过程中,原油所经过的整个系统(从井口经管线到油罐等)是密闭的,即不与大气接触。因此,油气集输工艺也称为油气密闭集输。本章以江汉油田为例,重点介绍油气计量,化验室油、水和天然气分析以及联合站。

图 5-1 油气集输中联合站全貌图
(据甘肃庆阳,2012)

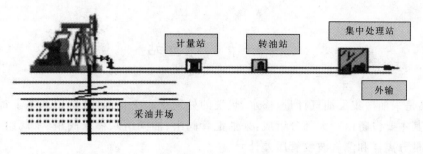

图 5-2　原油集输系统站场示意图

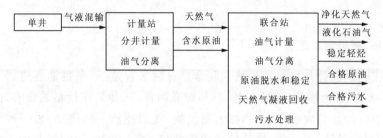

图 5-3　二级布站油气分输流程图

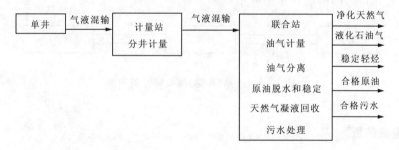

图 5-4　二级布站油气混输流程图

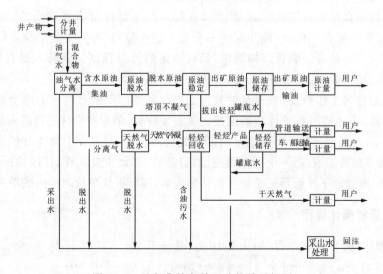

图 5-5　油气集输各单元功能关系框图

第一节 计 量 站

计量站是采油厂集汇油气计量、掺水、热洗的处理中心。目前,各油田基本上都以车式计量间为主,其主要设备由3大部分组成:采油汇管阀组(油阀组)、掺水阀组(水阀组)和油气计量装置(计量分离器和测气波纹管压差计)。

一、计量站

1. 双管伴热、掺热集油工艺

掺液集输工艺从油井井口—计量站—联合站有两条管道:一条集油管道;另一条伴热(掺液)管道(图5-6)。若为掺热、伴热工艺,其热源有两种:一种是在计量站设有加热炉,将热介质加热后,通过伴、掺热管线送至井口,掺入集油线,随同井液一同进站;另一种是由集中供热站提供热源,送到计量站,通过伴、掺热管线送到井口,掺入集油线,随同井液一同进站。这种伴热、掺热工艺在目前的稠油开采中应用较多。

图5-6 掺热(伴热)保温集油流程图

2. 翻斗量油装置

翻斗量油装置主要由量油器(斗)和计数器等组成(图5-7)。量油翻斗是用钢板焊接成的两个有公共边的直角等腰三角形容器(图5-7d),在斗型计量容器端面的一个位置上设有固定转轴,在支架上装有挡板,使翻斗保持一个处于进油位置,另一个处于排油位置,这样反复循环来累积油量。这种量油装置结构简单,具有一定的计量精度。其特点是具有自动化程度高、测试精度高、结构紧凑、安装方便、安全可靠、操作简便等优点。

翻斗量油装置的工作原理:翻斗量油装置在密闭容器内安装有对称的两个翻斗,翻斗轴安装有霍尔传感器,传感器与电子计数器连接。装置工作时,单井来油从进口进入容器上室,然后溢流至下室翻斗,油量达到翻斗标定重量时翻斗翻转卸油,同时另一个翻斗开始进油,达到翻斗标定重量时,翻斗翻转卸油,第一个翻斗再进油,再翻转,如此重复工作,江汉油田一般一个翻斗装4~5kg液体,通过电子计数器记录翻斗翻转的次数,即可折算单位时间内的单井产量。

3. 计量点量油操作规程

(1)量油顺序:按井依次进行,如从王10-3井→王10-6井→王23井→王云3井→王4-5井→王11-6井→王4井→王斜11-6井→最后到王10-3井……

严格按照上述顺序倒井量油,遵循液量高低轮流倒入计量原则。一般一口井一天的油量计算公式为:

第五章 油气集输

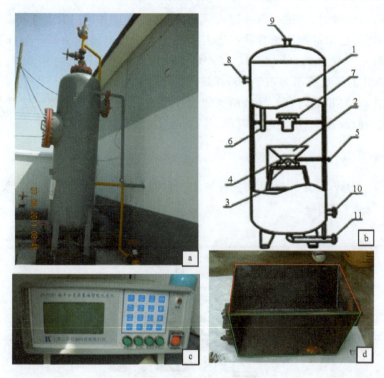

图 5-7 翻斗量油装置照片(袁彩萍,2003)
a.翻斗量油装置外观照片;b.分离器翻斗自动量油结构示意图;c.翻斗分离器量油智能记录仪照片;
d.量油翻斗照片;1.分离器;2.量油翻斗;3.翻斗支架;4.计数传感器;5.传感器仪表接口;
6.分离室和计量室平衡管;7.缓冲管;8.分离室进液管;9.分离气体出口;10.出油口;11.排污口

$$G_o = \frac{g \times n}{t} \times 86\ 400$$

式中:G_o 为产油量,kg/d;g 为每斗标定原油重量,kg/斗;n 为在 t 时间内所翻转的斗数;t 为计量时间,s。

量油过程可通过图 5-8 所示的计量阀组进行分井或合井计量。

图 5-8 计量阀组分井计量照片(袁彩萍,2003)

(2)具体操作:量油时,先把待量井倒入量油流程,与已量井同时计量10min左右,待翻斗计量无异常后,再把已量井倒回正常状态进入干线生产流程。根据油井产量计量一般规定每口井每次连续计量一般为4~8h,对于油气产量波动较大或产量较低的井,可延长计量时间达到8~12h,每口井的计量周期为10~15d,即每月计量2~3次。

(3)计量站油井日报表内容。计量站点油井日报表记录的内容主要包括井号、班次、生产时间、生产方式、冲程/冲次、量油起止时间、斗数、压力、温度和加药情况等。

二、计量分离器

计量分离器(图5-9)是计量间最主要的油气计量设备,是一种低压容器设备,主要有立式和立卧结合(复合)式两种。

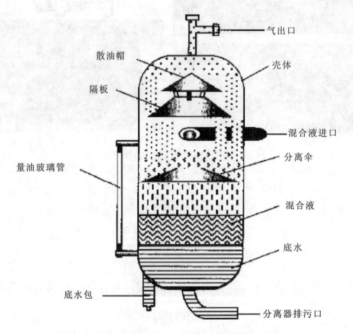

图5-9 立式(切向)计量分离器结构示意图

三、量油、测气操作

1. 量油方法

量油方法主要有油气分离器计量法和油罐计量法两种。

(1)油气分离器计量法。油井来的油气混合液,进入分离器挡帽上部,喷洒在分离伞上,靠油气重量的不同进行分离,分离出来的气体,经过两层分离伞除去夹带的油滴,从顶部出气管经孔板测气后流走,原油经计量后由出油闸门排出,并与分离出来的气体重新混合进入集油干线(图5-10)。

玻璃管量油的原理是根据连通平衡的原理,采用定容积计算的方法。分离器内液柱压力(压强)与玻璃管内水柱压力(压强)相平衡,分离器内液柱上升到一定高度,玻璃管内水柱也相

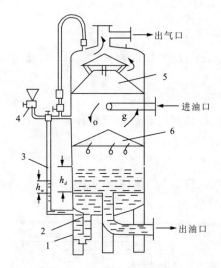

图 5-10 玻璃管量油装置原理
1.水包;2.隔板;3.高压玻璃管;4.加水漏斗;5.散油帽;6.分离伞;
h_w.玻璃管内水柱上升的高度,m;h_d.分离器中液柱上升的高度,m

应上升一定高度。因油水的密度不同,上升的高度也不同,根据水柱上升的高度和所用的时间以及使用分离器的直径可以计算出产液量。

根据连通管压力平衡原理:$h_w \cdot \rho_w \cdot g = h_o \cdot \rho_o \cdot g$

$$Q_o = \left(\frac{h_w \rho_w}{\rho_o} \cdot \frac{\pi D^2}{4t} \right) \times 86\,400 \times n$$

式中:Q_o 为单井日产油,m³/d;h_w 为玻璃管内水柱上升高度,m;h_o 为分离器内油液面高度,m;ρ_w 为水密度,kg/m³;ρ_o 为油密度,kg/m³;g 为重力加速度,m/s²;t 为累积油量的时间,s;D 为储油罐直径,m;n 为量油次数,次。

(2)油罐计量法。对罐内液体高度进行测定,再根据液柱高度和罐的截面积计算罐内液体体积和重量(图 5-11)。

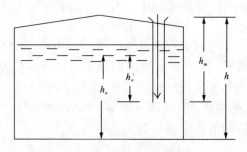

图 5-11 储集罐量油示意图
h_o.罐内原油柱高度,m;h.量油口至油罐底高度,m;
h_m.量油尺下入油罐深度,m;h'_o.量油尺端进入油罐液面深度,m
$$h_o = h - h_m + h'_o$$

若是圆形罐,公式为:$V_o = \dfrac{\pi D^2}{4} \cdot h_o$

若是方形罐,公式为:$V_o = a^2 \cdot h_o$

式中:V_o 为储油罐内原油体积,m³;D 为储油罐直径,m;a 为储油罐边长,m。

2. 测气方法

测气方法主要有节流式流量计测气和垫圈流量计测气两种。

(1)节流式流量计测气(图 5-12):

$$V_1 \times A_1 = V_2 \times A_2$$

式中:V_1、V_2 为管道中两个断面 1 和 2 中的流体流动速度;A_1、A_2 为断面 1 和断面 2 的断面面积。

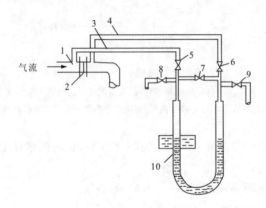

图 5-12 测气流程示意图

1.出气管线;2.挡板;3、4.上下流管;5.上流阀;6.下流阀;7.平衡阀;8、9.防空阀;10.U 型玻璃管

气量计算公式:

$$Q = 1.02 d^2 F_r \cdot F_y \cdot F_{zF} \cdot \sqrt{\dfrac{293}{T}} \cdot \sqrt{\dfrac{1}{\rho_g}} \cdot \sqrt{PH}$$

在不精确考虑 F_r,F_y,F_{zF} 时

$$Q = 1.02 d^2 \cdot \sqrt{\dfrac{293}{T}} \cdot \sqrt{\dfrac{1}{\rho_g}} \cdot \sqrt{PH}$$

式中:Q 为在 20℃、标准大气压条件下的天然气产量,m³/d;F_r 为气体黏滞性系数;F_y 为气体膨胀系数;F_{zF} 为气体压缩因子;H 为实际测出的压差,mmHg;P 为实际测出的静压力,Pa;d 为测气管直径,cm;ρ_g 为气体密度,g/cm³;T 为气体温度,K。

(2)垫圈流量计测气。垫圈流量计由测气短节和"U"形管组成(图 5-13),它的下流通大气,下流压力为大气压,上流测出的压差 H 即为上下流压差。

气量计算公式:

$$Q = 0.178 d^2 \cdot \sqrt{\dfrac{293}{T}} \cdot \sqrt{\dfrac{1}{\rho_g}} \cdot \sqrt{13.6H}$$

式中:T 为气体温度,取整数,K;d 为孔板开孔直径,mm;H 为"U"形管中所测出的水银柱高,mmHg。

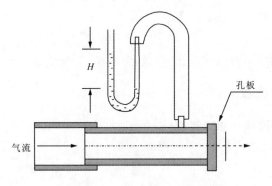

图 5-13 垫圈测气原理图

第二节 化验室

一、原水中的杂质分类

(1)悬浮固体(1~100mm):泥砂、各种腐蚀产物及垢、细菌、有机物。
(2)胶体(0.001~1mm):物质组成与悬浮固体基本相似。
(3)分散油和浮油:污水原水中一般有 2000~5000mg/L 的原油,其中 90% 左右为 10~100mm 的分散油和大于 100mm 的浮油。
(4)乳化油:原油中有 10% 左右的 0.001~10mm 的乳化油。
(5)溶解物质(3×10^{-4} ~ 5×10^{-4} mm):溶解在水中的无机盐,溶解的气体。

二、注水水质标准

注水水质标准为:①在运行条件下注入水不应结垢;②注入水对水处理设备、注水设备和输水管线腐蚀性要小;③注入水不应携带超标悬浮物、有机淤泥和油;④注入水注入油层后不使黏土发生膨胀和移动;⑤如果油田含油污水与其他供给水混注时,配偶性要好;⑥考虑到油藏孔隙结构和喉道直径,要严格限制水中固体颗粒的粒径。注入水水质标准见表 5-1。

表 5-1 注入水水质标准

序号	项目	单位	指标	备注
1	悬浮物含量	mg/L	≤5	
2	总铁含量	mg/L	≤0.5	
3	含油量	mg/L	≤30	
4	溶解氧含量	mg/L	<0.5	总矿化度<5000mg/L
		mg/L	<0.05	总矿化度>5000mg/L
5	腐蚀率	mm/a	0.07~0.125	30d 挂片试验
6	结垢率	mm/a	0.5	
7	硫酸盐还原菌	个/mL	≤100	
8	总菌含量	个/mL	≤10 000	
9	硫化物含量	个/mL	<10	
10	滤膜系数	个/mL	>15	0.45μm 滤器

三、污水处理方法

污水处理方法主要有：①重力沉降；②分散；③聚结；④旋流。

四、典型污水处理流程

(1) 自然除油—混凝除油—压力过滤（图 5-14）。

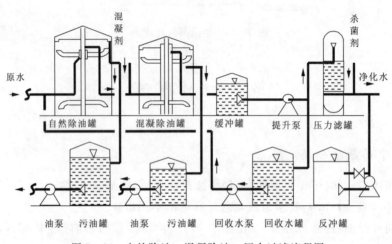

图 5-14　自然除油-混凝除油-压力过滤流程图

(2) 混凝除油—单阀过滤流程（图 5-15）。

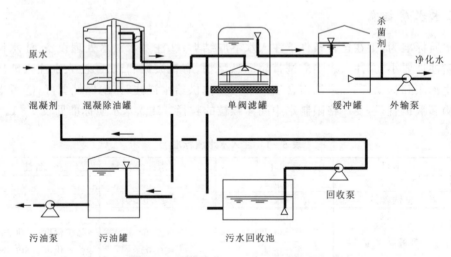

图 5-15　混凝除油-单阀滤罐过滤流程图

(3) 粗粒化—混凝除油—单阀滤罐过滤（图 5-16）。

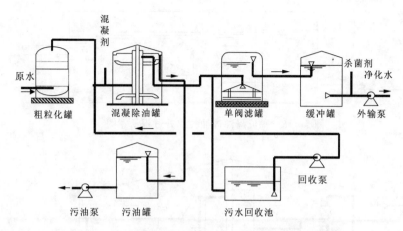

图 5-16 粗粒化—混凝除油—单阀滤罐过滤流程图

五、主要的水处理设备和建筑物

(1)粗粒化罐(图 5-17)。
(2)隔油池(图 5-18)。
(3)除油罐(图 5-19)。
(4)气浮分离池(罐)(图 5-20)。

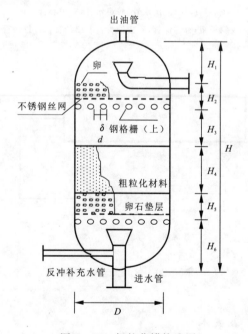

图 5-17 粗粒化罐构造图

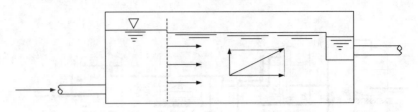

图 5-18 平流隔油池油粒浮升过程示意图

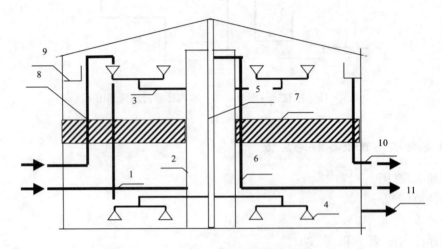

图 5-19 立式斜板除油罐构造图
1.进水管；2.中心反应筒；3.配水管；4.集水管；5.中心管柱；6.出水管；
7.波纹斜板组；8.溢流管；9.集油管；10.出油管；11.排污管

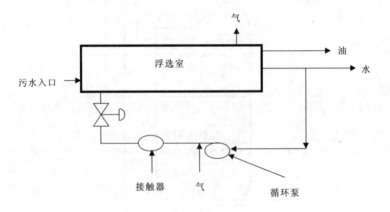

图 5-20 气浮工艺流程图

六、含油污水处理配套技术

(1) 药剂：缓蚀剂、阻垢剂、杀菌剂、混凝剂、除氧剂。

(2) 含油污泥无害化处理技术的研究应用：①负压助排技术；②污泥浓缩技术；③含油污泥无害化固化处理技术。图 5-21 为典型的污泥处理流程原理图。

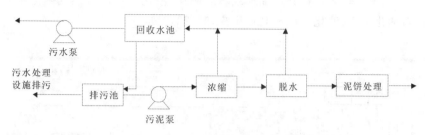

图 5-21 污泥处理流程原理图

第三节 联合站

一、某采油厂某联合站简介

某采油厂某联合站建于1968年（图5-22）。现占地面积 $42\times10^3 m^2$，有各类承压、常压容器43具，各型油水泵55台，其他设施、设备151台（套）。是一座集油气集输、污水处理、污水回注于一体的大型联合站，主要承担着各主力区块的原油集输、油田伴生污水处理、回注等任务。目前，年处理原油 $46\times10^4 t$，处理、回注污水 $240\times10^4 m^3$。全站共有员工100人，其中分集油站、污水处理站、注水站和卸油站4个班组。

图 5-22 某采油厂某联合站一角

二、联合站主要设施

联合站是油气集中处理联合作业站的简称，是油田地面集输系统中的重要组成部分，是油田原油集输和处理的中枢。在这里实现油田生产的必要过程，即把分散的原料集中、处理使之成为油田产品。这个过程从油井井口开始，将油井生产出来的原油、伴生天然气和其他产品，在油田上进行集中、输送和必要的处理、初加工，将合格的原油送往长距离输油管线首站，或者送往厂矿油库经其他运输方式送到炼油厂或转运码头;液化合格的天然气则集中到输气管线首站,再送往石油化工厂、液化气厂或其他用户(5-23)。

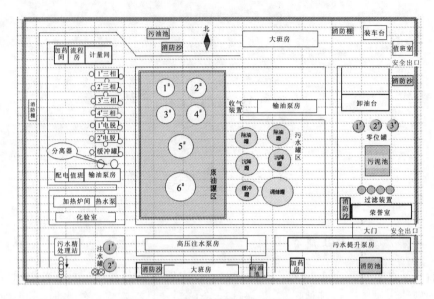

图 5-23 某油田某联合站布局示意图

具体来说,联合站主要负责油水分离、油水计量、水质处理、油气储存和油气外送、给注水井输送水源等任务。联合站内包括原油处理系统,转油系统,原油稳定系统,污水处理系统,注水系统,天然气处理系统等油气工艺系统。主要设备及设施有油气分离设备,加热设备,脱水、脱盐设备,天然气脱水设备,原油稳定设备,轻油回收设备,储油设备,缓冲设备,输油设备,等泵机组,输气压缩机组等(5-24)。除了油气工艺系统外,联合站还包括配电、供给水、供热、电讯、采暖、通风、自动控制等系统,以及必要的生产厂房、辅助生产设施和行政生活设施(办公室、宿舍等)。

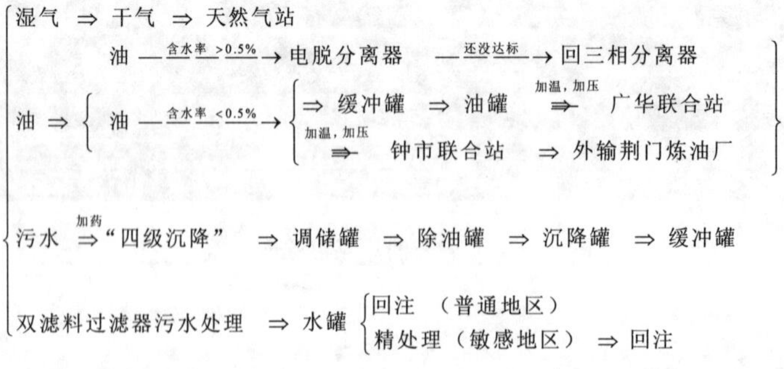

图 5-24 油、气、水分离流程示意图

气田的联合站设备和油田有所差别,主要包括水套炉、计量分离器、生产分离器、旋流分离器、分水包、甲醇储罐、油水缓冲管、消泡剂罐、储液罐和管线等(图5-25)。

油田联合站主要作用是通过对原油的处理,实现三脱(原油脱水、脱盐、脱硫;天然气脱水、脱油；污水脱油），三回收（回收污油、污水、轻烃），出四种合格产品（天然气、净化油、净化污水、轻烃）以及进行商品原油的外输。联合站是高温、高压、易燃、易爆的场所，是油田一级要害场所。

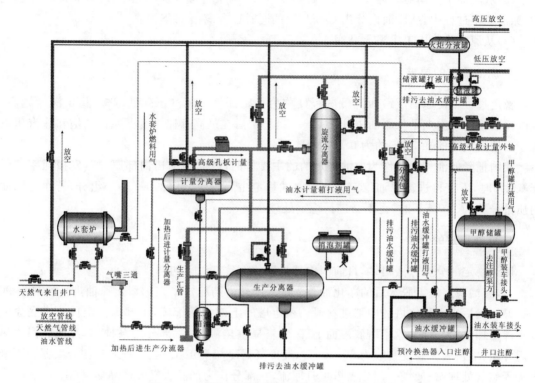

图 5-25　鄂尔多斯某气田某集气站工艺流程图

第四节　原油稳定

1. 基本概念

使净化原油中的溶解天然气组分汽化，与原油分离，较彻底地脱除原油中蒸汽压高的溶解天然气组分，降低储存温度下原油蒸汽压的过程称原油稳定。

原油稳定就是把油田上密闭集输起来的原油经过密闭处理，从原油中把轻质烃类如：甲烷、乙烷、丙烷、丁烷等分离出来并加以回收利用。这样，原油就相对地减少了挥发作用，也降低了蒸发造成的损耗，使之稳定。采用稳定装置的全密闭流程可使油气蒸发损耗由 1.5%～2% 降低为 0.29%～0.5% 以下。但是，经过稳定的原油在储运中还需采取必要的措施，如：密闭输送、浮顶罐储存等。原油稳定具有较高的经济效益，可以回收大量轻烃作为化工原料，同时，可使原油安全储运，并减少了对环境的污染。原油稳定通常是原油矿场加工的最后工序，经稳定后的原油成为合格的商品原油。

2. 原油稳定的目的

(1) 降低原油蒸汽压,满足原油储存、管输、铁路、公路和水运的运输安全和环保规定。

(2) 从原油中分出对人体有害的溶解杂质气体,例某些酸性原油溶有 H_2S 和挥发性硫化物,原油稳定过程中,从原油内分出 C_2 和 C_3 的同时也分离出 H_2S。

(3) 从原油稳定中追求最大利润。

3. 原油稳定的要求

稳定过程中使原油蒸汽压降低的程度称为稳定深度。蒸汽压降低越多,稳定深度越高。我国原油稳定的重点是从原油中分出 $C_1 \sim C_4$,稳定后在最高存储温度下原油的饱和蒸汽压不大于当地大气压的 0.7 倍,约为 0.071MPa。

我国把降低油气损耗作为原油稳定的的主要目的,因而当油田内部原油蒸发损耗率已低于 0.2% 时,不宜再进行原油稳定处理。原油稳定主要分出溶解的 $C_1 \sim C_4$ 组分,若净化原油内质量分数低于 0.5% 时,也不必进行稳定处理。

4. 原油稳定的分类

原油稳定的分类方法很多,目前国内外采用的大致有以下四种。

(1) 分馏稳定法。脱水后的净化油首先进入换热器与稳定塔底的稳定原油进行换热至 90~150℃,然后进入稳定塔的中部进料段。稳定塔的上部为精馏段,下部为提馏段。塔底原油经重沸器加热后一部分返回塔底液面上部,给塔提供热源;另一部分用泵抽出,经换热回收热量后外输;塔顶气体温度一般为 50~90℃,经冷凝器冷却至 40℃ 左右,进入三相分离器。不凝气去天然气处理站;液烃一部分去塔顶打回流,一部分作为产品去轻烃产品储罐(图 5-26)。

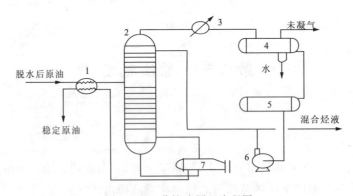

图 5-26 分馏法原理流程图

1.进料换热器;2.稳定塔;3.冷却器;4.三相分离器;5.回焙罐;6.泵;7.重沸器

(2) 闪蒸稳定法。液体混合物在加热、蒸发过程中所形成的蒸汽,始终与液体保持接触,直到达到某一温度之后,随着气液混合系统压力的降低,气相与液相最终分离开来,这种气液分离方式称为闪蒸。在原油稳定工艺中,通过对原油加热并减压,使原油中轻烃组分挥发,从油中分离出来,从而使原油的蒸汽压降低,原油得到一定程度的稳定,这种稳定方法通常称为闪蒸稳定法。它进一步分为负压闪蒸稳定和正压闪蒸稳定。

负压闪蒸稳定(图5-27):负压闪蒸稳定是让被稳定原油进入负压稳定塔,在负压条件下闪蒸脱除易挥发的轻组分。脱水后的净化原油首先进入原油稳定塔的上部,在稳定塔内进行闪蒸。负压稳定的温度通常是原油脱水的温度,即50~80℃,塔底部的稳定原油用输油泵升压后进储油罐;稳定塔顶部用真空压缩机抽真空,抽出的闪蒸汽经冷凝器冷却至40℃左右,进入三相分离器,分出的混合烃进入储罐后外运;不凝气进入天然气处理站;污水进入含油污水处理系统进一步处理。

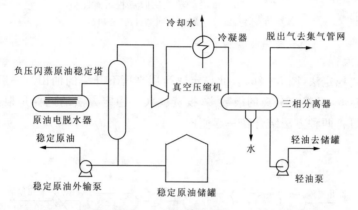

图5-27 负压闪蒸稳定工艺原理流程图(引自王光然,2006)

正压闪蒸稳定法(图5-28):脱水之后的原油,经加热之后进入原油稳定塔,在正压条件下进行一次闪蒸脱出易挥发性轻组分。脱水后的净化油首先与稳定后的原油换热,然后经加热炉加热至稳定温度后在进入原油稳定塔的上部,在稳定塔的内部进行闪蒸,闪蒸压力为0.1~0.3MPa。塔底部的稳定原油直接用外输泵抽出与未稳定原油换热后外输。稳定塔顶部的闪蒸汽经冷凝器冷却至40℃左右,进入三相分离器,分出的混合烃液去储罐外运;不凝气进入低压天然气管网;污水去含油污水处理系统进一步处理。

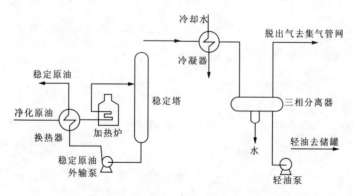

图5-28 正压闪蒸稳定工艺原理流程图(引自王光然,2006)

(3)油罐烃蒸汽回收。采用抽气法回收油罐烃蒸汽的过程与常压闪蒸法相似。大罐抽气法回收烃蒸汽的典型流程见图5-29,压缩机自油罐中抽出气体增至0.2~0.3MPa,并经冷却、计量后外输至轻烃处理装置。为了确保罐内压力在允许范围内,回收工艺一般都设有超压

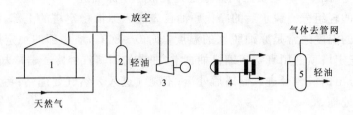

图 5-29 油罐烃蒸汽回收流程示意图
1.油罐;2、5.分离器;3.压缩机;4.冷却器

放空和低压补气流程。

(4)多级分离稳定法(图 5-30)。此稳定法运用高压下开采的油田。一般采用 3~4 级分离,最多分离级达 6~7 级。分离的级数多,投资就大。稳定方法的选择是根据具体条件综合考虑,需要时也可将两种方法结合在一起使用。

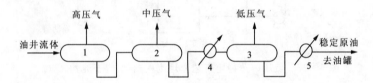

图 5-30 多级分离法流程图
1.高压分离器;2.中压分离器;3.低压分离器;4、5.冷却器

第六章 实习习题

第一节 钻井地质与钻井工程部分

1. 油气井分哪几类？
2. 钻井设备由哪几个系统组成？各系统的主要功能是什么？
3. 常用钻井工具有哪些？
4. 简述固井的作用及固井作业的基本步骤？
5. 完井方式有哪些类型？
6. 已知：井深 2874.76m；钻头 $7\frac{3}{4}''$:0.16m；接头 410×420:0.39m；420×411:0.47m；410×421:0.29m；方保接头 521×411:0.64m；钻铤 $6\frac{1}{4}''$:81.25m，$5\frac{3}{4}''$:26.90m；钻杆立柱 $4\frac{1}{4}''$:2745.09m；410号单根:9.29m；方钻杆长:11.78。

(1) 画出钻具连接图。
(2) 求打完 410 号单根的方入？
(3) 411 号单根长 8.93m，求打完 410 号单根、下 411 号单根的到底方入？
(4) 打完 410 号，接上 411 号，求整米方入？
(5) 钻杆立柱中：

    407 号:9.27m
    408 号:9.18m 拉下
   替上 412 号:9.12m
    413 号:9.20m

求井深为 2874.76m 的到底方入？

(6) 已知取芯钻头长 0.35m；外岩芯筒长 12.09m，内岩芯筒长 11.50m，加压接头长 0.54m；若在井深 2874.76m 时开始取芯，求取芯方入？且要求割芯方入应该多少合适？
(7) 井深 2874.76m，落长 2155.1m；捞出 709.38m，断钻杆 9.4m，替上钻杆长 9.10m；公锥长 0.95m，求对口方入？要求造口 3cm，求造口方入？

落鱼：落入井内的钻具。
鱼头：落入井内钻具的最上端。
鱼顶：鱼头所在井段的深度，它等于起出钻具总长加方入。

7. 已知：井深 2874.76m，$4\frac{1}{2}''$钻杆长 2763m，$5\frac{3}{4}''$钻铤长 76.9m，$6\frac{1}{4}''$钻铤长 81.25+

1.95m,泥浆排量 20.43L/s,开泵时间 8:10,轻物通出时间 10:35,重物通出时间 10:58,求:

(1)迟到时间 T?

(2)设 11:33 钻到 2876m,求 2876m 岩屑捞取时间?

(3)设 12:05 泵量变成 23.09L/s,求 2876m 时的岩屑捞取时间?

(4)设 11:20 泵量变成 17.83L/s,求 2876m 处的岩屑捞取时间?

(5)假设 12:05 泵量变成 23.09L/s,到了 12:35 分时又变成 20.43,求 2876m 时的时岩屑捞取时间?

8. 钻井液的主要功用有哪些?钻井液按流体介质分为哪几类?

9. 简述现场钻井液的整个循环线路(画出示意图)。

10. 常见的黏土矿物有哪些?各有什么特点?一般用含哪种黏土矿物的黏土来配浆?

11. 钻井液常用的两种流型是什么?各用什么模式表示?主要流变参数有哪些?

12. 调查现场使用的钻井液类型、加重剂和主要处理剂的类别等。

13. 现场测定钻井液密度的方法有哪些?

14. 根据井眼和泥浆池的尺寸计算所用钻井液的体积。

15. 画出现场钻井液固控设备流程示意图。

16. 井下常见复杂情况有哪些?简述处理它们的钻井液技术。

17. 欲配制密度为 $1.06g/cm^3$ 的基浆 $200m^3$,试计算膨润土和水的用量。

第二节 油藏开发及开采工程部分

1. 画图说明自喷井的 4 种流动过程。

2. 抽油机由哪几大部件组成?各部分的主要作用是什么?

3. 抽油泵的工作原理是什么?

4. 抽油机上平衡块的作用是什么?

5. 解释下列代号的意义:

CYJ12—3.3—70B

CYG25/1500C

6. 抽油机驴头为何做成弧形?

7. 对光杆的基本要求是什么?光杆的作用是什么?

8. 抽油杆的杆体直径有几种?抽油杆的长度有哪几种?

9. 何为深井泵的理论排量?抽油机井泵效如何计算?

10. 某抽油井下泵径 56mm 的泵,冲程 2.4m,冲次 9 次/min,产液量 35t/d,液体相对密度为 0.9,原油含水为 33%,求泵效和日产油量。

表 6-1 深井泵的排量系数 K

泵径(mm)	38	43	44	56	70	83
面积($10^{-4}m^2$)	11.34	14.52	15.20	24.63	38.48	54.10
K	1.63	2.09	2.19	3.54	5.54	7.79

11. 什么是采油树？采油树的作用是什么？采油树由哪些部件组成？
12. 分析抽油杆在上行与下行过程中的受力情况？
13. 指出抽油机井理论示功图各线点的意义，并指出绘制理论示功图的目的。
14. 分析现场实测的示功图。
15. 测示功图的目的是什么？
16. 抽油机悬点载荷如何计算？
17. 如何用示功图计算悬点最大载荷？
18. A 井使用 CYJ5-1812 抽油机，泵挂深度 $H=903.8$m，泵径 56mm，冲程 $S=1.8$m，冲数 $n=8$ 次/min，使用 $2\frac{1}{2}''$ 油管，$\frac{3}{4}''$ 抽油杆，原油密度 901kg/m³，油井含水 34%。抽油杆在空气和不同密度原油中的重度见表 6-2。计算抽油杆在上、下冲程中作用在悬点上的载荷和活塞上的液柱载荷[抽油杆材料(钢)的密度为 7850kg/m³]。

表 6-2 抽油杆在空气和不同密度原油中的重度

公称直径(in)	直径(mm)	截面积(cm²)	抽油杆线密度(kg/m)			
			在空气中	在相对密度 0.8 的原油中	在相对密度 0.86 的原油中	在相对密度 0.9 的原油中
$\frac{5}{8}$	16	2.00	1.64	1.47	1.46	1.45
$\frac{3}{4}$	19	2.85	2.30	2.06	2.05	2.04
$\frac{7}{8}$	22	3.80	3.07	2.75	2.73	2.72
1	25	4.91	4.17	3.74	3.71	3.70

注：表内线密度 kg/m，线密度×g=N/m。

19. 怎样计算抽油机负载利用率？
20. 怎样计算抽油机扭矩利用率？
21. 抽油机冲程、冲次利用率如何计算？
22. 抽油机主要经济技术指标有哪些？
23. 测动液面的目的是什么？计算现场测试井的动液面。
24. 用玻璃管量油法的原理和方法是什么？
25. 油气分离器的分离原理是什么？
26. 如何计量全井和分层注水量？
27. 什么是配水间？配水间有哪些设备？
28. 何为油井正洗？何为油井反洗？
29. 压裂液可分为哪几种类型？其主要特征是什么？
30. 分层压裂的方法有几种？
31. 酸化的定义？油井酸化用酸液主要有几类？
32. 酸液添加剂的类型有几种？

33. 什么是中途测试(DST)？
34. 了解 DST 测试中压力卡片的读取方法。
35. 简要回答使用 MFE 多流量试验器进行中途测试的工艺过程？
36. 了解采油地质动态分析中各种曲线、图幅的制作和用途。
37. 什么是油藏压力、井底流压、饱和压力、环压、套压？

主要参考文献

Bommer P M. A primer of oil well drilling(7th ed)[M]. University of Texas, Austin, 2008.
《采油测试计量手册》编写组. 采油测试计量手册[M]. 北京:石油工业出版社,1979.
《采油工》. 中石化培训教材[M]. 北京:石油工业出版社,1997.
《试井手册》编写组. 试井手册[M]. 北京:石油工业出版社,1991.
蔡尔范. 油田开发指标计算方法[M]. 北京:石油工业出版社,1993.
常子恒. 石油勘探开发技术(上册)[M]. 北京:石油工业出版社,2001.
陈立官. 油气田地下地质学[M]. 北京:地质出版社,1983.
陈涛平,胡靖邦. 石油工程[M]. 北京:石油工业出版社,2000.
大庆石油学院开发系. 采油工人常用名词解释[M]. 石油化学工业出版社,1978.
胡银镀等. 采油地质基础[M]. 北京:石油工业出版社,1992.
黄汉仁,杨坤鹏,罗亚平. 泥浆工艺原理[M]. 北京:石油工业出版社,1981.
纪春茂. 海洋钻井液与完井液[M]. 青岛:石油大学出版社,1997.
江汉石油学院"石油工程专业改革与建设"项目组. 石油工程设计[M]. 北京:石油工业出版社,1999.
江汉油田石油地质志编写组. 江汉油田石油地质志[M]. 北京:石油工业出版社,1987
姜仁. 钻井工程[M]. 北京:石油工业出版社,1996.
李健鹰. 泥浆胶体化学[M]. 青岛:石油大学出版社,1988.
李渝生,杜修宜,康新荣. 江汉油田开发论文集[C]. 北京:石油工业出版社,2003.
马建国. 油气藏增产新技术[M]. 北京:石油工业出版社,1998.
米卡尔·J·埃克,诺米德斯. 油藏增产措施[M]. 北京:石油工业出版社,2002.
秦同洛等. 实用油藏工程方法[M]. 北京:石油工业出版社,1989.
史乃光. 油气井测试[M]. 武汉:中国地质大学出版社,1991.
斯仑贝谢测井公司,李舟波等译. 测井解释原理与应用[M]. 北京:石油工业出版社,1991.
童宪章. 油井产状和油藏动态分析[M]. 北京:石油工业出版社,1981.
王必金. 江汉盆地构造演化与勘探方向[D]. 北京:中国地质大学(北京)学位论文,2006.
王光然,油气集输[M]. 北京:石油工业出版社,2006.
王鸿勋,张琪. 采油工艺原理[M]. 北京:石油工业出版社,1996.
吴奇等. 压裂酸化技术论文集[C]. 北京:石油工业出版社,1999.
夏检英. 泥浆高分子化学[M]. 青岛:石油大学出版社,1994.
夏检英. 钻井液有机处理剂[M]. 青岛:石油大学出版社,1991.
鄢捷年. 钻井液工艺学[M]. 青岛:中国石油大学出版社,2001.
叶荣主. 地层测试技术[M]. 北京:石油工业出版社,1989.
张琪. 采油工程原理与设计[M]. 东营:中国石油大学出版社,2002.
张绍槐,罗平亚等. 保护储集层技术[M]. 北京:石油工业出版社,1993.

附图 江汉盆地潜江凹陷广北油田广 43 井岩芯录井综合图

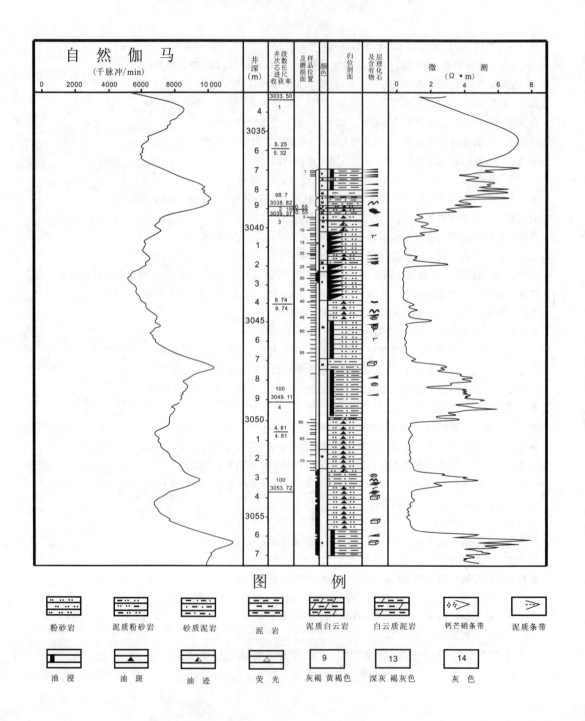

附 表

附表1 常用钻铤数据表

类型	通称尺寸(in)	外径(mm)	内径(mm)	内容积(L/m)	体积(L/m)
国产钻铤	$4\frac{1}{8}$	105	50	1.96	6.70
	$4\frac{1}{2}$	121	55	2.38	9.12
	$5\frac{1}{2}$	133	60	2.83	11.07
	$5\frac{3}{4}$	146	70	3.85	12.90
	$6\frac{1}{4}$	159	75	4.42	15.44
	7	178	75	4.42	20.47
	8	203	75	4.42	27.95
API标准钻铤	$3\frac{1}{2}$	88.9	44.45	1.55	4.66
	$6\frac{1}{4}$	158.75	71.44	4.01	15.80
	$7\frac{3}{4}$	196.85	71.44	4.01	26.44
	8	203.2	76.20	4.56	27.87

附表2 常用钻杆数据表

类型	通称尺寸(in)	外径(mm)	壁厚(mm)	内径(mm)	内容积(L/m)
国产钻杆	73($2\frac{7}{8}''$)	73.0	5.5	62	3.02
			7	59	2.73
	102(4″)	101.6	7	87.6	6.02
			11	79.6	4.97
	114($4\frac{1}{2}''$)	114.3	7	100.3	7.90
			11	92.3	6.69
	140($5\frac{1}{2}''$)	139.7	7	125.7	12.41
			9	121.7	11.64
			11	117.7	10.89
API外国钻杆	$2\frac{7}{8}''$	73	5.51	62.0	3.02
			9.19	54.6	2.34
	4″	101.6	6.65	88.3	6.12
			8.38	84.8	5.64
	$5\frac{1}{2}''$	139.7	9.19	121.4	11.58
			10.54	118.6	11.05

附表3 常用套管数据表

类型	尺寸(in)	外径(mm)	壁厚(mm)	内径(mm)	内容积(L/m)	外容积(L/m)
国产套管	$4\frac{1}{2}''$	114.3	6	102.3	8.17	10.21
			8	98.3	7.55	
	$7''$	177.8	7	163.8	21.07	24.82
			10	157.8	19.56	
			12	153.8	18.57	
	$11\frac{3}{4}''$	298.4	9	280.4	62.02	70.22
			10	278.4	61.14	
日本套管	$5\frac{1}{2}''$	139.7	6.20	127.3	12.73	15.32
			7.72	124.26	12.14	
			10.54	118.62	11.05	